Werkstoffwissenschaftliche Untersuchungen zur Verarbeitung von Formgedächtnis-Polymeren und zur funktionellen Ermüdung bei zyklischer Abfrage des Einwegeffekts

Dissertation
zur
Erlangung des Grades
Doktor-Ingenieurin

der
Fakultät für Maschinenbau
der Ruhr-Universität Bochum

von

Christina Schmidt
aus Wuppertal

Bochum 2011

Bibliografische Information der Deutschen Nationalbibliothek
Die Deutsche Nationalbibliothek verzeichnet diese Publikation in der Deutschen Nationalbibliografie; detaillierte bibliografische Daten sind im Internet über http://dnb.d-nb.de abrufbar.

1. Aufl. - Göttingen : Cuvillier, 2011
   Zugl.: Bochum, Univ., Diss., 2011

   978-3-86955-740-3

Dissertation eingereicht am: 11.01.2011

Tag der mündlichen Prüfung: 04.03.2011

Erster Referent: Prof. Dr.-Ing. Gunther Eggeler

Zweiter Referent: Prof. Dr.-Ing. Michael Pohl

Nonnenstieg 8, 37075 Göttingen
Telefon: 0551-54724-0
Telefax: 0551-54724-21
www.cuvillier.de

1. Auflage, 2011
Gedruckt auf säurefreiem Papier

978-3-86955-740-3

Vorwort

Die vorliegende Arbeit entstand in den Jahren 2007 bis 2010 während meiner Tätigkeit als wissenschaftliche Mitarbeiterin am Lehrstuhl Werkstoffwissenschaft, Institut für Werkstoffe, Fakultät für Maschinenbau der Ruhr-Universität Bochum.

Mein besonderer Dank gilt Herrn Prof. Dr.-Ing. Gunther Eggeler für die interessante Themenstellung und die zugleich kompetente und engagierte Betreuung dieser Arbeit. Durch ihn wurde mir die Teilnahme an nationalen und internationalen Konferenzen und ein Aufenthalt am Department of Mechanical Engineering der Johns Hopkins University in Baltimore (USA) ermöglicht. Die dort geführten Diskussionen mit Wissenschaftlern aus aller Welt waren lehrreich und motivierend.

Bei Herrn Prof. Dr.-Ing. Michael Pohl möchte ich mich für die freundliche Übernahme des Korreferats bedanken.

Besonders danken möchte ich Dr. rer. nat. Klaus Neuking für die ideenreichen Gespräche und die fachliche Unterstützung. Bei Herrn Norbert Lindner bedanke ich mich für die Durchführung der rasterelektronenmikroskopischen Untersuchungen. Ein besonderer Dank gilt meinen Bürokollegen Dr.-Ing. Juri Burow und Dipl.-Ing. Safa Mogharebi, die mich sowohl fachlich als auch privat in jeder Lebenslage unterstützt haben. Für die langjährige und gute Zusammenarbeit möchte ich Dipl.-Ing. Tobias Simon, Dipl.-Ing. Timo Depka, Dr.-Ing. Deniz Kurumlu, Dipl.-Ing. Burkhard Maaß, Dipl.-Ing. Andreas Schäfer und Dipl.-Ing. Christian Großmann danken. Desweiteren danke ich meinen studentischen Hilfskräften Dipl.-Ing. Anja Hooge, Dipl.-Ing. Marina Wewer und Maren Krings für ihre tatkräftige Unterstützung. Ich danke allen Mitarbeitern des Lehrstuhls für Werkstoffwissenschaft, die ich jetzt noch vergessen habe, die aber ein Wesentliches dazu beigetragen haben, dass die Arbeit am Lehrstuhl immer sehr angenehm war.

Abschließend möchte ich mich noch bei meinen Eltern, meiner Schwester und meiner besten Freundin Andrea für ihre Geduld und Unterstützung bedanken.

Für meine Familie

Executive summary

The present work focuses on the processing, the mechanical properties and on functional fatigue during thermomechanical cycling of shape memory polymers studying as an example the commercial polyetherurethane Tecoflex® (TFX) (Lubrizol, Ohio, USA). In addition, NiTi/TFX composites were produced using various surface treatments to improve the adhesion between both components. For the manufacturing of polymer samples an injection moulding machine was used where the corresponding processing parameters had to be optimized.

Mechanical and thermal properties of TFX were investigated by tensile tests, differential calorimetry (DSC), dynamic-mechanical analysis (DMA), creep and relaxation tests. Results showed that TFX exhibits thermoplastic material behaviour at temperatures below the transition temperature T_{trans} (σ_{max} = 26 MPa, ε_{max} = 425%). However, at temperatures above T_{trans} the material behaviour abruptly changes and the polymer shows the characteristics of an elastomer (σ_{max} = 0,2 MPa, ε_{max} > 2000%). The stiffness of TFX decreases with increasing temperature.

By means of DSC and DMA a transition temperature of $T_{trans} \approx 63°C$ was determined. T_{trans} is dependent on the heating rate during testing. The equilibrium temperature at an imaginary heating rate of 0 K/min can be extrapolated to 55°C. With an increase in heating rate the transition temperature increases.

Results of creep tests at 60°C showed that TFX accumulates 160% strain in two hours. The creep rate is independent of the loading and decreases after ten minutes. The creep function J(t) shows that creeping at 0,75 MPa starts after one second and at 1 MPa, 1,25 MPa and 1,5 MPa after ten seconds. Stress relaxation occurred during the first 15 minutes. The analysis of the relaxation modulus E(t) shows that relaxation starts after 30 seconds.

The functional fatigue of TFX was investigated by thermomechanical cycling imposing strains of 50%, 100%, 200% and 400% at maximum temperatures of 50, 60, 70, 80 and 90°C. The one way effect was exploited 50 times. Results showed that the recoverable strain decreases with increasing cycle number. Best results are obtained at 60°C and small strains (50%). With an increase in maximum temperature material properties degrade. Recovery R as a function of cycle number N can be expressed by an equation of type $R = A \cdot N^{-\beta}$ with positive constants A and β. A dependency of β on the maximum strain and maximum temperature was not observed. Values of β

average at 0,21 ± 0,07. Recovery R strongly decreases during the first cycles and then saturates. During thermomechanical cycling, stress relaxation can occur while cooling after the loading step. Rearrangement along the polymer chains can account for this relaxation of stress. This may result in a loss of driving force for recovery. In addition with increasing temperature the part of permanently slipped polymer chains increases causing irreversible plastic deformation. Results also showed that the switching temperature T_{sw} increases with increasing numbers of cycles and with an increase in maximum temperature. Changes in morphology or chemical composition could not be detected by microscopy or infrared spectroscopy.

The adhesion between NiTi and TFX was tested using several surface treatments. NiTi samples untreated, grinded and electropolished were combined with a silane treatment. Solutions of two different silanes were tested: Bis[3-(trimethoxysilyl)propyl]ethylendiamine (BIS) and 3-Aminopropyltriethoxysilane (AMEO). Best bond strength at room temperature could be achieved using an electropolished NiTi sample combined with a 1% solution of BIS (9,7 MPa). Failure occurred at the NiTi/TFX interface. At 80°C, the combination of a grinded sample with a 1% solution of AMEO evidenced best bond strength (0,71 MPa). This is the maximum strength we can achieve because the polymer deforms without loosing contact with the NiTi surface.

Inhaltsverzeichnis

Abbildungen

Tabellen

Abkürzungen

AMEO	3-Aminopropyltriethoxysilan
ATR	Abgeschwächte Totalreflexion
BIS	Bis[3-trimethoxysilyl)propyl]ethylendiamine
DMA	Dynamisch-mechanische Analyse
DSC	Dynamische Differenzkalorimetrie
E-Modul	Elastizitätsmodul
FGE	Formgedächtniseffekt
FGL	Formgedächtnislegierung(en)
FGP	Formgedächtnispolymer(e)
FTIR	Fourier Transformation Infrarot Spektroskopie
PCL	Polycaprolaton
pH-Wert	negativer dekadischer Logarithmus der H^+ Ionen Aktivität
PMMA	Polymethylmethacrylat
RT	Raumtemperatur
TFX	Tecoflex® EG 72D (Lubrizol, USA)

Symbole

Symbol	Einheit	Bedeutung
A	[-]	Konstante
A_0	[mm^2]	Querschnitt der Ausgangsprobe
A_g	[mm^2]	eingebettete NiTi-Fläche
AB	[-]	Absorbanz
α	[mm^{-1}]	Konstante
β	[-]	Konstante
b	[mm]	Probenbreite NiTi-Band
D	[-]	Dehnungsrückstellung
d	[mm]	Probendicke NiTi-Band
Δl	[mm]	Längenänderung der Probe
E_f	[MPa]	elastischer Modul der Faser (hier: NiTi)
E(t)	[MPa]	Relaxationsmodulus
ε_{fix}	[-]	fixierte Dehnung
$\varepsilon_{irr,N}$	[-]	irreversible technische Dehnung in Zyklus N
$\varepsilon_{irr,N-1}$	[-]	irreversible technische Dehnung in Zyklus N-1
ε_{max}	[-]	maximale technische Dehnung
ε_t	[-]	technische Dehnung
ε_w	[-]	wahre Dehnung
F	[N]	Kraft
F_a	[N]	Auszugskraft im Pull-Out Versuch
$F_{a,max}$	[N]	maximale Auszugskraft im Pull-Out Versuch
G	[MPa]	Schermodul
G_m	[MPa]	elastischer Schermodul des Polymers
I	[W/sr]	durchgelassene Strahlung
I_0	[W/sr]	Strahlungsintensität monochromatischer Strahlung

k	[J/K]	Boltzmann Konstante
l_0	[mm]	parallele Probenlänge
l_e	[mm]	eingebettete Länge des NiTi-Bandes
M_c	[g/mol]	durchschnittliche Molekularmasse
λ	[cm]	Wellenlänge
N	[-]	Zyklenzahl
n	[-]	Anzahl Molekülketten
$\tilde{\upsilon}$	[1/cm]	Wellenzahl
R	[-]	Rückverformung
R_p	[mm]	Radius Polymer
r_f	[mm]	Radius Faser (hier: NiTi)
σ_t	[MPa]	technische Spannung
σ_v	[MPa]	Verbundfestigkeit
σ_w	[MPa]	wahre Spannung
S_f	[-]	Formfixierung
T	[°C]	Temperatur
T_{amb}	[°C]	Raumtemperatur (21°C)
T_{hard}	[°C]	Umwandlungstemperatur des Hartsegmentes
T_{high}	[°C]	Temperatur oberhalb der Umwandlungstemperatur T_{trans}
T_{low}	[°C]	Temperatur unterhalb T_{trans} / T_{trans_A}
T_{mid}	[°C]	Temperatur $T_{trans\_B} > T_{mid} > T_{trans\_A}$
TR	[-]	Transmission
T_{sw}	[°C]	spezifische Schalttemperatur (switch)
T_{trans}	[°C]	Umwandlungstemperatur des FGP
T_{trans_A}	[°C]	Umwandlungstemperatur phasensegregierte Domäne A
T_{trans_B}	[°C]	Umwandlungstemperatur phasensegregierte Domäne B
τ	[MPa]	Schubspannung in Grenzfläche (Verbund)
τ_d	[MPa]	Delaminationsscherbeanspruchung

1 Einleitung

Formgedächtnispolymere (FGP) gewinnen aufgrund ihrer Eigenschaft, auf externe Stimuli mit einem Formgedächtniseffekt zu reagieren, immer mehr an Bedeutung. FGP können aus ihrer permanenten Form in eine andere gebracht werden und durch Einwirken einer externen Anregung in die Ausgangsform zurückkehren. Während der Formgedächtniseffekt bei Metallen nur in einem engen Bereich von Legierungszusammensetzungen auftritt, ist das Spektrum an Polymeren mit Formgedächtnis wesentlich größer. Der Formgedächtniseffekt bei Polymeren entspricht äußerlich dem Einwegeffekt von Formgedächtnislegierungen (FGL), beruht jedoch auf den speziellen physikalischen Eigenschaften der Polymerstruktur. Im Einzelnen spielen die Polymerchemie und –morphologie in Kombination mit der Programmierung des Materials eine Rolle. Es sind schon zahlreiche Formgedächtnispolymere, wie beispielsweise Polyurethan [1], Polynorbornen [2], vernetztes Polyethylen [3] und bioabbaubares Oligo(ε-caprolacton) [4] bekannt.

Gegenüber FGL stellt sich der Einsatz von FGP sehr reizvoll dar, da sie einige Vorteile aufweisen und zudem mit Methoden der organischen Chemie maßgeschneidert hergestellt werden können [5-7]. Im Vergleich zu FGL können FGP beispielsweise größere Dehnungen ertragen und rückbilden. Zudem sind sie kostengünstiger in der Herstellung und Verarbeitung, haben eine geringe Dichte und sind nicht toxisch. Von besonderer Bedeutung ist die Möglichkeit, Systeme herzustellen, die biokompatibel und/oder bioabbaubar sind [8,9]. Allerdings gehen diese Vorteile zu Kosten eines signifikant niedrigeren Elastizitätsmoduls und sehr geringer Aktorspannungen [10]. So sind die Rückstellkräfte der FGP-Aktoren mit ca. 2 MPa zwei Größenordnungen geringer als bei FGL-Aktoren, wodurch typische technische Aktor-Anwendungen nicht realisierbar sind. Daraus ergibt sich zwangsläufig ein anderes Anwendungsprofil, als es für FGL typisch ist. Bisher werden FGP für Anwendungen in der Raumfahrttechnik, Textilindustrie, Fahrzeugtechnik und Biomedizin eingesetzt, wobei vor allem die geringen Kosten, die niedrigere Dichte und die Biokompatibilität entscheidend sind [11,12].

Dem Nachteil der geringen Rückstellkräfte aktorischer FGP wird mit einem angepassten Einsatzprofil begegnet, welches die FGP als adaptive Strukturwerkstoffe begreift. So könnte das komplementäre strukturell-funktionelle Verhalten von FGP und FGL im Verbund neue Anwendungsmöglichkeiten bieten: Während FGL-Aktoren ein hohes Arbeitsvermögen aufgrund nennenswerter Rückstellspannungen (~ 500 MPa) haben [13], zeigen FGP oberhalb der Umwandlungstemperatur ($T > T_{trans}$) nur geringe strukturelle Stabilität. Unterhalb der Umwandlungstemperatur T_{trans} zeigt sich jedoch ein gegenteiliges Verhalten. Hier verliert die martensitische FGL ihre strukturelle Stabilität, während das FGP deutlich an Festigkeit gewinnt.

Die in der letzten Zeit stetig steigende Zahl der erschienenen Publikationen über FGP [5] widmet sich überwiegend dem strukturellen Aufbau der FGP [7,14,15] oder daraus hergestellter Verbunde [16-18]. Die vorliegende Arbeit versucht eine Lücke im Hinblick auf den technischen Einsatz von FGP zu schließen, indem anwendungsrelevante mechanische Eigenschaften, insbesondere mit Blick auf die funktionelle Ermüdung, untersucht werden.

2 Stand der Kenntnisse

2.1 Formgedächtnispolymere

Entdeckung der Formgedächtnispolymere: Der Formgedächtniseffekt (FGE) bei Polymeren wurde erstmals 1941 in einer US-Patentschrift von L. B. Vernon zu zahnmedizinischem Material aus Methacrylsäureester - Gießharz erwähnt [19]. Erst neun Jahre zuvor wurde der FGE bei einer Gold - Cadmium - Legierung als thermisch induzierte Veränderung des Kristallgitters bemerkt [20]. Trotz der frühen Entdeckung wurden Formgedächtnispolymere (FGP) jedoch bis Mitte der sechziger Jahre nicht weiter untersucht und eingesetzt. Erste umfangreiche technische Anwendung fanden kovalent vernetzte Polyethylene für aufschrumpfbare Rohre und Beschichtungen, in Form von Schrumpfschläuchen [21-25]. Signifikantes Interesse erweckten die Formgedächtnispolymere erst 1984 mit Produktion und Verkauf Polyurethan-basierter FGP durch Mitsubishi Heavy Industries (MHI) in Nagoya (Japan) [5,10]. In den späten neunziger Jahren kooperierte MHI mit dem NASA Jet Propulsion Laboratory, um eine Polyurethan-basierte FGP-Schaumstruktur mit offenen Poren herzustellen [26,27]. Die Entwicklung war auf die Herstellung von Strukturen wie Stangen, Rohre, Räder, Wände, Chassis, Verkleidungen und Tanks ausgerichtet, die nach der Aufstellung versteift werden sollten. Gegenüber alternativ einsetzbarer Strukturen sah man vor allem die geringeren Kosten, eine höhere Betriebssicherheit, Einsparung von Aufstell-/Aufblassystemen, saubere Montage und bessere Versteifung als wesentliche Vorteile. Zur gleichen Zeit entwickelten auch kommerzielle Unternehmen in den USA, wie z.B. Cornerstone Research Group Inc. (Dayton, OH), ILC Dover (Frederica, DE) [28] und Composite Technology Development Inc. (Lafayette, CO) [29], eigene Formgedächtnispolymer-Technologien. Einhergehend erweiterten fortlaufende Neuentwicklungen von Unternehmen und verschiedener Universitätsgruppen das Anwendungsfeld der FGP, z.B. durch verformbare Flugzeugstrukturen, Methoden zur strukturellen Ausbesserung und biomedizinische Anwendungen. CRG hat seine duroplastischen FGP Gießharze und Verbundmaterialien unter den Marken Veriflex, Veritex und Verilyte kommerzialisiert. CTD vertreibt seine FGP-basierten Verbunde unter dem Markennamen TEMBO Elastic Memory Composite (EMC). Zusätzlich wurden Firmen wie mnemoScience und MedShape Solutions gegründet, um FGP für die Anwendung in der minimalinvasiven Chirurgie zu entwickeln. Trotz vieler potentieller Anwendungen und Entwicklungen, die durch die öffentliche Hand, Industrie und Universitäten vorangetrieben wurden, bleibt die kommerzielle Verfügbarkeit der Formgedächtnispolymere jedoch begrenzt [10].

Formgedächtnispolymere: FGP sind Polymere, die auf externe Stimuli mit einer signifikanten Formänderung reagieren können. FGP zeigen einen Einwegeffekt wie Formgedächtnislegierungen (FGL): Sie können temporär aus ihrer permanenten in eine zunächst bleibende Form deformiert werden und sich bei Einwirken des externen Stimulus wieder rückverformen. Als externer Stimulus wird in der Regel die direkte thermische Aktivierung genutzt [6]. Alternative Aktivierungsmöglichkeiten, wie induktive Erwärmung [30,31], Strahlung [32], magnetische [33] oder elektrische Felder [34] und pH-Wert Änderungen [35] werden seltener verwendet. Der Formgedächtniseffekt von FGP basiert auf den physikalischen Eigenschaften der Polymerstruktur, -chemie und -morphologie in Kombination mit der Programmierung des Materials und kann bei zahlreichen unterschiedlichen Polymeren beobachtet werden, wie beispielsweise bei Polyurethan [1], Polynorbornen [36], vernetztem Polyethylen [3] und bioabbaubaren Formgedächtnispolymeren basierend auf Oligo(ε-caprolacton) [4]. FGP lassen sich aufgrund ihres chemischen Aufbaus und der Art der Umwandlungstemperatur in vier Klassen einteilen: (i) chemisch stark vernetzte, glasartige Duromere, (ii) chemisch gering vernetzte, teilkristalline Elastomere, (iii) physikalisch vernetzte, amorphe Thermoplaste und (iv) physikalisch vernetzte, teilkristalline Blockcopolymere [37,38]. Im Rahmen dieser Arbeit wurden FGP der Klasse (iii) untersucht.

Thermoplastische FGP sind meist phasensegregierte Multiblockcopolymere, die mindestens aus zwei unterschiedlichen Segmenten aufgebaut sind [39-41]. Die Komponente mit der höheren thermischen Umwandlungstemperatur T_{hard} wird Hartsegment genannt. Dieses Hartsegment (ein Elastomer) dient als physikalische Vernetzung und stellt den Teil des Netzwerkes dar, der die mechanische Festigkeit des Materials bei Temperaturen T oberhalb der Umwandlungstemperatur T_{trans} des FGP ($T_{trans} < T < T_{hard}$) liefert. Oberhalb T_{hard} liegt das Polymer als Schmelze vor und kann mittels Extrusion oder Spritzgießen verarbeitet werden. Das Weichsegment (ein Thermoplast), das eine geringere Umwandlungstemperatur ($T_g = T_{trans}$) hat, stabilisiert das Hartsegment bei niedrigen Temperaturen ($T < T_{trans}$) und verliert an Festigkeit für $T > T_{trans}$ [42]. Die Umwandlungstemperatur T_{trans} des FGP kann entweder eine Glasübergangstemperatur oder ein Schmelzpunkt sein. Der Formgedächtniseffekt tritt auf, wenn das FGP der spezifischen Schalttemperatur T_{sw} ausgesetzt wird. Im Gegensatz zu T_{trans} ist die Schalttemperatur T_{sw} eine empirische Größe [43-45]. Maßgeblich für das Formgedächtnisverhalten der physikalisch vernetzten, amorphen Thermoplaste ist die Glasübergangstemperatur T_g der Weichsegmentbereiche. T_g ist definiert als Temperatur, oberhalb der die Elastizität eines Polymers drastisch abnimmt und ein zuvor steifes Polymer nunmehr gummiartiges Verhalten zeigt (Abbildung 2-1) [46].

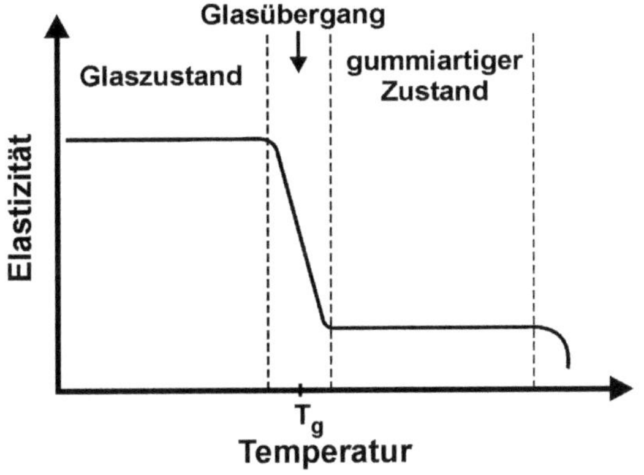

Abbildung 2-1: Temperaturabhängigkeit der Elastizität organischer Polymere [46].

So kann eine bei $T > T_g$ erfolgte Deformation durch Abkühlung der gespannten Probe unterhalb T_g fixiert, d.h. eingefroren, werden. Hingegen wird die permanente Form des Polymernetzwerkes durch physikalische Vernetzungen der Hartsegmente durch molekulare Wechselwirkungen wie van der Waals-, Dipol-Dipol-Wechselwirkung oder Wasserstoffbrückenbindungen festgelegt. In der Regel handelt es sich um physikalisch vernetzte, amorphe Polyurethan-Systeme, die entsprechend üblicher Herstellungsrouten durch Reaktion von Diisocyanaten mit Diolen und Triolen als Vernetzer synthetisiert werden. Im Vergleich zu chemisch vernetzten FGP der Klassen (i) und (ii) zeigen physikalisch vernetzte FGP der Klasse (iii) meist schlechtere FG-Ergebnisse hinsichtlich Rückverformung und Fixierung. Dies erklärt sich durch den Verlust an physikalischen Vernetzungen aufgrund der Deformation [47]. Hingegen zeigen sie einen höheren E-Modul von ca. 1 GP unterhalb T_{trans} [48]. Tabelle 2-1 zeigt einen Vergleich zwischen typischen FGL und FGP Eigenschaften. Verglichen mit metallischen FGL können FGP größere Dehnungen speichern und rückverformen (typisch 400 %). Zudem sind sie kostengünstiger, weniger dicht, nichttoxisch und einfach zu verarbeiten. Besonders wichtig ist die Möglichkeit Systeme herzustellen, die biokompatibel und/oder bioabbaubar sind, wie beispielsweise Polycaprolacton (PCL)-basierte Polyurethane [8] und PCL-basierte Dimethylacrylate [9].

Tabelle 2-1: Vergleich von metallischen FGL mit FGP [5,46].

Eigenschaft	Einheit	FGP	NiTi-FGL
Dichte	g/cm^3	0,9 - 1,1	6,4 – 6,5
max. Dehnung	%	bis zu 800	8
E-Modul $T < T_{trans}$	GPa	0,01 - 3	27
E-Modul $T > T_{trans}$	GPa	$(0,1 – 10) \times 10^{-3}$	70 – 98
Spannung (Progr.)	MPa	1 - 3	50 - 200
Umwandlungstemperatur	°C	-10 - 100	-50 - 100
Wärmeleitfähigkeit	W/mK	0,15 – 0,3	10 – 18
Biokompatibilität /		biokompatibel	biokompatibel,
Herstellungsbedingungen		200°C, niedriger	1000°C, hoher
Korrosionsbeständigkeit		exzellent	exzellent
Kosten	€/kg	50	300

Diese klaren Vorteile werden jedoch auf Kosten eines signifikant niedrigeren Elastizitätsmoduls und sehr geringen Aktorspannungen erzielt [10]. Zudem ist die Rückverformungsgeschwindigkeit von FGP, mit mehreren Zehnteln einer Sekunde, im Vergleich zu FGL, mit mehreren Zehnteln einer Millisekunde, wesentlich geringer. Ein weiterer Nachteil ist die geringere Anzahl möglicher Zyklen: Während FGP nur über ca. 200 Zyklen ohne signifikante Eigenschaftsänderungen beansprucht werden können, sind bei FGL bis zu ca. 10^6 Zyklen möglich [48]. Beide Materialsysteme, FGL und FGP, zeigen vergleichbare Umwandlungstemperaturen.

Aktuelle Anwendungsgebiete: Die aktuellen Anwendungsgebiete der FGP erstrecken sich über ein weites Feld. Bisher ist der Einsatz in den Bereichen Raumfahrttechnik, Textilindustrie, Fahrzeugtechnik und Biomedizin bekannt.
In der *Raumfahrttechnik* werden FGP aufgrund ihrer geringen Kosten und ihres regelbaren Rückverformungsverhaltens bei geringem Gewicht für Gelenke [11], optische Systeme, Antennen, flexible Reflektoren und wandelbare Schaumstrukturen eingesetzt [49,50].
Für die *Textilindustrie* werden Fasern und Garne aus FGP hergestellt, die dann zu Textilen verarbeitet werden können. Bereits Anwendung finden FGP-Textilwaren in Form von gewebten, gestrickten, geflochtenen und Vliesstoffen [51] für Kragen, Ärmelbündchen und Schulterpolster [2,52]. Die zerknitterten Stoffe können sich durch

Erwärmung in ihre ursprüngliche Form zurück verformen. So werden sie auch besonders häufig in Ellenbogen- und Kniebereichen eingesetzt [53].
In der *Fahrzeugtechnik* werden die Möglichkeit zu veränderbaren Strukturen der FGP, ihre hohe Dehnungsverformung sowie die leichte Herstellbarkeit bei niedrigen Kosten genutzt. Bisher finden FGP Einsatz in Scheinwerfer-Komponenten oder Luftstromregelungssystemen zur Verbesserung des Luftwiderstandes sowie für rekonfigurierbare Vorratsbehälter [40].
Auch in der *Biomedizin* werden bislang FGP genutzt. Hier kommen jedoch in der Regel biokompatible und bioabbaubare Materialien zum Einsatz. So kann beispielsweise chirurgisches Nähgarn zur Schließung von Wunden mit einer definierten Kraft hergestellt werden [54]. Einsatzmöglichkeiten als Koronarstents [55], Aneurysma-Spirale [56] und Mikroaktoren zur Behandlung von Schlaganfällen [12] wurden bereits ins Auge gefasst und erprobt.

2.2 Formgedächtniseffekte von FGP / Programmierung

Einwegeffekt (Dual-shape materials): Der Formgedächtniseffekt von FGP gleicht dem bereits von FGL bekannten Einwegeffekt [46]. Abbildung 2-2 zeigt schematisch den Formgedächtniseffekt im ε-T-σ-Raum, wobei hier die Spannung im einachsigen Zugversuch betrachtet wird. Im urgeformten Zustand (Form B) liegen die Polymerketten des FGP wahllos orientiert vor (1). Unterhalb der Schalttemperatur T_{sw} zeigt das Copolymer nur wenig Elastizität (hoher E-Modul). Erwärmt man das Material jedoch auf Temperaturen oberhalb T_{sw}, so verliert das Weichsegment seine Steifigkeit (2). Oberhalb T_{sw} können die Hartsegment-Ketten durch mechanische Deformation aus ihrer wahllos orientierten (hohe Entropie), in eine gestreckt ausgerichtete Konfiguration (niedrige Entropie) gebracht werden (3). Anschließende Abkühlung unter Last versteift die gestreckten Polymerketten, da das Weichsegment wieder seine Steifigkeit zurückerlangt. Dadurch wird der Zustand niedriger Entropie eingefroren (4). Das FGP kann entlastet werden und ist nun in seiner programmierten temporären Form A. Diese Form A kann unbegrenzt lange beibehalten werden, sofern $T < T_{sw}$. Durch erneutes, lastfreies Erwärmen des FGP über T_{sw} wird die permanente Form wiederhergestellt, da das Weichsegment nicht länger die Konfiguration niedriger Entropie stabilisieren kann (6). Bei $T > T_{sw}$ wirken die entropischen Kräfte als Triebkraft für die Rückverformung.

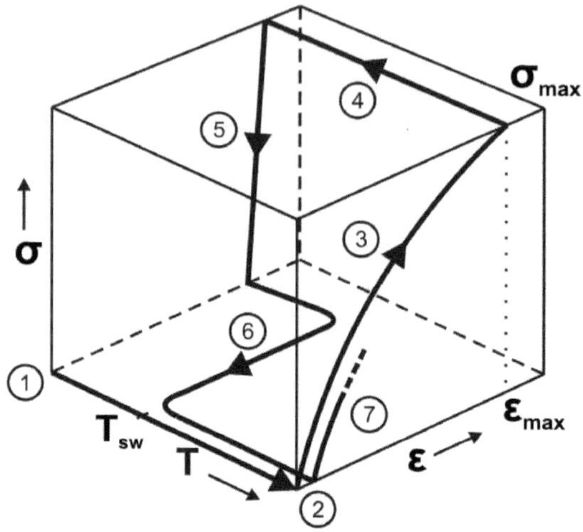

Abbildung 2-2: Schematische Darstellung des Formgedächtniseffektes von FGP im ε-T-σ-Raum: 1) permanente Form B; 2) Aufheizen auf T > T_{sw}; 3) Dehnen bis ε_{max}; 4) Abkühlen auf T < T_{sw} bei ε_{max} konstant; 5) Entlasten auf $\sigma \approx 0$ MPa; 6) Aufheizen auf T > T_{sw} bei $\sigma \approx 0$ MPa; 7) Beginn des zweiten Zyklus [41].

Das Abrufen des Einwegeffektes wird Programmierung genannt. In so genannten zyklischen thermomechanischen Versuchen (Absatz 4.4) wird die Programmierung zyklisch durchlaufen, um das Rückverformungsverhalten der FGP zu untersuchen.

Zweiformeffekt (Triple-shape materials): Bei dem Zweiformeffekt der FGP handelt es sich nicht um den Zweiwegeffekt, wie er bei FGL zu beobachten ist, sondern um einen erweiterten Einwegeffekt. Durch die Kopplung mehrerer Einwegeffekte kann das Material durch stufenweise Erhöhung der Temperatur von einer Form A in eine zweite Form B und von dort in eine dritte Form C wechseln. Hierbei ist die Form C durch kovalente Bindungen festgesetzt. Form A und B werden hingegen nur temporär fixiert durch ein jeweiliges Schaltsegment, mit einer entsprechenden Umwandlungstemperatur T_{trans} zugewiesen ist [45]. FGP, die einen Zweiformeffekt zeigen sollen, müssen im Gegensatz zu den bisher erläuterten FGP mindestens zwei phasensegregierte Segmente aufweisen. Durch Kühlen unterhalb T_{trans} eines spezifischen Segmentes, erstarrt dieses unter Bildung physikalischer Vernetzungen. Da diese zusätzlichen Vernetzungen die kovalenten Bindungen unterhalb T_{trans} dominieren, ermöglichen sie die temporäre Fixierung der elastischen Verformung, die durch erneutes Aufheizen rückverformt werden kann. So können die physikalischen Vernetzungen als thermosensitive Schalter genutzt werden [57]. Bei der Zweiphasen-Programmierung, die in Abbildung 2-3 dargestellt ist, wird das Polymer in seiner ursprünglichen Form C auf eine Temperatur T_{high} erwärmt, die höher als die Übergangstemperaturen T_{trans_A} und T_{trans_B} der phasensegregierten Weichsegmente liegt. Bei T_{high} liegt das Material in seinem elastischen und verformbaren Zustand vor. Hier wird das Polymer unter externen Spannungen in Form B gebracht und unter Last auf T_{mid} ($T_{trans\_B} > T_{mid} > T_{trans\_A}$) abgekühlt (1). Beim Abkühlen entstandene physikalische Vernetzungen stabilisieren nun Form B. Das Material kann dann bei T_{mid} in Form A gebracht und unter Last auf T_{low} ($T_{trans\_A} > T_{low}$) abgekühlt werden (2). Es bilden sich erneut physikalische Vernetzungen, die Form A stabilisieren. Das Polymer liegt nun in Form A vor. Durch lastfreies Aufheizen des Materials in Form A findet stufenweise die Rückumwandlung über Form B (3) bei T_{mid} in Form C (4) bei T_{high} statt [58].

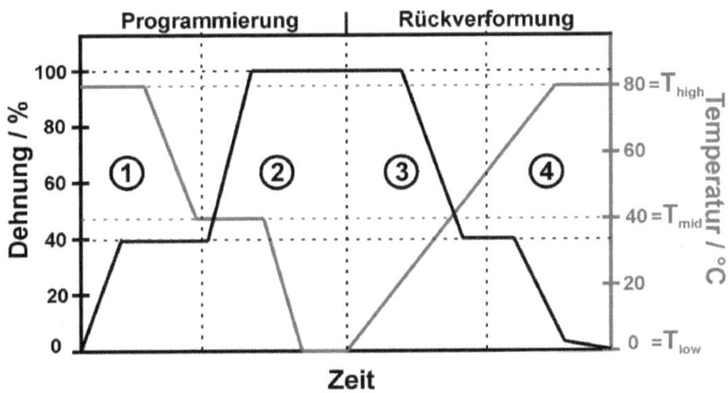

Abbildung 2-3: Schematische Darstellung des Zweiformeffektes von FGP: (1) Verformung von Form C in Form B bei T_{high} und Fixierung bei T_{mid}, (2) Verformung von Form B in Form A bei T_{mid} und Fixierung bei T_{low}, (3) Rückverformung in Form B über T_{mid} und (4) Rückverformung in Form C über T_{high} [58].

Entropieelastizität: Die Entropieelastizität, auch Gummielastizität, beschreibt die gute elastische Verformbarkeit von elastomeren Kunststoffen. Während Metalle nur weniger als 1% elastisch verformt werden können, bevor plastische Formänderung oder Bruch eintritt, lassen sich Elastomere um mehrere 100% mit geringem Kraftaufwand elastisch verformen. Dies liegt vor allem am makromolekularen Aufbau der Elastomere. Bei der Verformung kann eine reversible Formänderung sowohl über direkte C-C-Bindungen als auch über das gesamte Molekülgerüst erfolgen [59]. Die Polymerketten streben an, sich aus einer unwahrscheinlichen Anordnung niedriger

Entropie in eine wahrscheinlichere Anordnung hoher Entropie zu begeben. Der verknäulte Zustand der Polymerketten stellt dabei die Anordnung dar, die thermodynamisch am stabilsten ist, da eine hohe Entropie herrscht. Bei der Verformung werden zunächst die Polymerketten gestreckt, bis schließlich das Molekülgerüst schert und sich dabei die Moleküle parallel zur äußeren Spannung ausrichten. Zuletzt ist nur noch die direkte Streckung der C-C-Bindungen möglich, bevor erste Ketten reißen. Durch die starke Ausrichtung und Streckung der Polymerketten wird ein Zustand niedriger Entropie erzeugt. Bei Entlastung des Polymers kann so eine Rückverformung in die Ausgangsform stattfinden, da der Zustand der verknäulten Ketten wiederhergestellt wird. Das Spannungs-Dehnungs-Verhältnis der gummielastischen Materialien, das sich aus der Betrachtung der Elastizität eines molekularen Netzwerkes ableitet, lässt sich mit der Gleichung

$$\sigma = 3 \cdot N \cdot k \cdot T \cdot \varepsilon \qquad \textbf{Gl. 2-1}$$

beschreiben [60]. Hierbei ist N die Anzahl der Molekülketten und k die Boltzmann Konstante. Diese Gleichung ähnelt zwar dem Hookeschen Gesetz mit $\sigma = E \cdot \varepsilon$, jedoch zeigt sich dort, wo normalerweise der E-Modul steht, ein Ausdruck, der proportional zu kT ist. Während für inkompressible und isotrope Materialien das Verhältnis $E \equiv 3 \cdot G$ mit dem Schermodul G gilt, zeigt sich hier eine Äquivalenz zwischen G und $N \cdot k \cdot T$. G wird in manchen Fällen hinsichtlich der durchschnittlichen Molekularmasse M_c der Polymerketten, beispielsweise zwischen aufeinander folgenden Vernetzungspunkten,

$$G = N \cdot k \cdot T = \frac{\rho \cdot R \cdot T}{M_c} \qquad \textbf{Gl. 2-2}$$

verwendet. Dabei ist ρ die Dichte des Elastomers und R die allgemeine Gaskonstante.

Voraussetzung für die Entropieelastizität ist eine schwache Vernetzung der Kettenmoleküle, damit das Material in den Ausgangszustand zurückkehren kann. Bei thermoplastischen Elastomeren, zu denen auch Formgedächtnispolymere zählen, liegen physikalische Vernetzungen vor.

Eine weitere Eigenschaft, die sich für Elastomere aus der Entropieelastizität ergibt, ist der Anstieg des Elastizitätsmoduls bei Temperaturerhöhung. Dies äußert sich beispielsweise darin, dass sich ein belastetes Elastomer durch zusätzliche Erwärmung zusammenzieht, wohingegen sich eine Stahlprobe weiter ausdehnen würde. Durch die Erwärmung werden die gestreckten Polymerketten des Elastomers zu Schwingungen angeregt, wodurch Zugkräfte auf die Vernetzungsstellen ausgeübt werden und so die Probe zusammenziehen [61].

2.3 Funktionelle Ermüdung von FGP

Die aktuellen Forschungsgebiete von FGP liegen überwiegend im Bereich der Polymerchemie. Hingegen ist nur wenig Literatur zur anwendungsnahen Untersuchung der mechanischen Eigenschaften, im Speziellen zur zyklischen thermomechanischen Charakterisierung, von FGP zu finden.

Tobushi et al. [62] stellen aber heraus, dass Spannungs- Dehnungs- Temperatur-Abhängigkeiten der FGP von besonderer Bedeutung für die Beurteilung des Rückverformungs- und Dehnungsrückstellungsverhaltens sind. Der Einsatz von Formgedächtnismaterialien im Bereich der Aktorik erfordert oft zyklische Verformungen. Aus diesem Grund ist die Untersuchung der zyklischen Charakteristik zwingend notwendig. Tobushi et al. führten dazu zyklische thermomechanische Versuche an zwei unterschiedlichen FGP, einem Polyurethan vom Typ Polyester Polyol und einem Polyurethan vom Typ Polyether Polyol, durch. Die Glasübergangstemperatur beider Materialien liegt bei 45°C. Getestet wurden technische Dehnungen von 20, 50, 100 und 200% im Temperaturwechsel von 65°C und 25°C über eine Zyklenzahl von 10. Das Material wird bei 65°C gedehnt und unter Last auf 25°C abgekühlt. Nach Entlastung der Probe wird sie wieder auf 65°C lastfrei aufgewärmt, was die Rückverformung ermöglicht. Es konnte festgestellt werden, dass bei beiden Materialien die gesamte irreversible Restdehnung mit zunehmender Zyklenzahl wächst. Dabei tritt die größte Zunahme in den ersten fünf Zyklen auf. Zudem nimmt die Anstiegsrate der irreversiblen Dehnung mit steigender maximaler Verformung der Probe zu. Um eine gleichmäßige zyklische Rückverformung zu erreichen, sollten die Materialien, nach Meinung der Autoren, mit geringeren Dehnungen als 100% belastet werden.

Kim et al. [63] haben Polyurethan aus Polycaprolactondiol, 4,4'-Diphenylmethan Diisocyanat und 1,4-Butandiol hergestellt und den Effekt unterschiedlicher Molekulargewichte des Polyols (2000, 4000, 8000) und variierender Weichsegment-Anteile (55 - 90%) auf das Materialverhalten in zyklischen thermomechanischen Versuchen untersucht. Die Proben wurden über 5 Zyklen mit maximalen Dehnungen von 100, 200 und 600% thermomechanisch belastet. Die Autoren konnten herausstellen, dass zum einen der Anstieg des Weichsegment-Anteils zu einer Erhöhung des E-Moduls im Glaszustand führt, da eine zunehmende Weich- und Hartsegment-Phasenseparation auftritt. Jedoch ist ebenso eine Reduzierung des E-Moduls im Gummizustand festzustellen, da der Hartsegment-Anteil abnimmt. Somit sind die E-Moduli abhängig vom Weichsegment-Anteil und ihrer Länge. Der hohe E-Modul im Glaszustand führt zu einer guten Formfixierung, während ein hoher E-Modul im Gummizustand zu einer Steigerung der Rückstellkraft führt.

Mohr et al. [64] untersuchten das zyklische thermomechanische Verhalten von induktiv geheizten Formgedächtnispolymeren. Hierzu verwendeten sie das Polyetherurethan Tecoflex (TFX) als Matrixkomponente und Eisen(III)oxid in Silicamatrix in Form von Nanopartikeln. Die Komposite wurden mittels Extrusion hergestellt. Es wurden zyklische thermomechanische Versuche in einem magnetischen Feld (f = 258 kHz, H = 30 kAm^{-1}) mit einer maximalen Dehnung von 50% für TFX ohne Partikel und TFX mit einem Partikelgehalt von 7,5 Gew.-% durchgeführt. Die Versuche zeigen, dass durch induktive und direkte Beheizung vergleichbare Ergebnisse erzielt werden können. Unabhängig vom Partikelgehalt zeigt das Material im ersten Zyklus eine Rückverformung von 80%. Mit jedem weiteren Zyklus nimmt die gesamte irreversible Dehnung zu.

Weitere Forschungsgruppen haben zyklische thermomechanische Versuche an unterschiedlichen FGP-Materialien durchgeführt, jedoch maximal fünf Zyklen getestet [65,66].

Es gibt lediglich drei Veröffentlichungen über zyklische Tests, die Ergebnisse über 50, 60 und 200 Zyklen darstellen. So haben Xu et al. [67] Si-O-Si vernetzte hybride Polyurethane über 50 thermomechanische Zyklen getestet. Jedoch konnten sie keine signifikanten Änderungen im Materialverhalten mit steigender Zyklenzahl feststellen.

Ohki et al. [68] untersuchten die mechanischen Eigenschaften und den Formgedächtniseffekt von glasfaserverstärkten Polyurethanen unterschied-lichen Glasfasergehaltes über 60 thermomechanische Zyklen. Sie fanden heraus, dass FGP mit einem Glasfasergehalt von 10 - 20 Gew.-% das beste Rückverformungsverhalten zeigen und dass sich dieses mit zunehmender Zyklenzahl nicht verschlechtert.

Lin et al. [69] führten zyklische thermomechanische Versuche als Biegeversuch über 200 Zyklen an Polyurethan durch. Hierbei konnte eine stetige Abnahme der Rückverformung vom ersten Zyklus bis zum hundertsten Zyklus von 100% auf 95% festgestellt werden. In den nachfolgenden 100 Zyklen fand keine weitere Verschlechterung mehr statt.

2.4 Verbunde zwischen metallischen und polymeren FG-Werkstoffen

Formgedächtnispolymere weisen aufgrund ihrer Eigenschaften ein deutlich abweichendes Anwendungsprofil im Vergleich zu Formgedächtnislegierungen auf. Während FGL-Aktoren nennenswerte Rückstellspannungen von ca. 500 MPa zeigen [13], liegen diese bei FGP zwei Größenordnungen geringer bei ca. 2 MPa. Zudem verlieren die FGP in der Hochtemperaturmodifikation oberhalb der Glasübergangstemperatur ($T > T_g$) ihre strukturelle Stabilität. In der Tieftemperaturmodifikation hingegen verliert die martensitische FGL an struktureller Stabilität, während das FGP unterhalb T_g deutlich an Festigkeit gewinnt. So ist es möglich, das FGP als adaptiven Strukturwerkstoff zu betrachten und das komplementäre strukturelle/funktionelle Verhalten von FGL und FGP im Verbund vorteilhaft zu nutzen.

Formgedächtnislegierungen (FGL): FGL sind Funktionswerkstoffe, die sich nach einer scheinbar plastischen Verformung durch Einwirken eines Stimulus an ihre ursprüngliche Gestalt erinnern können. Als Stimulus für die Rückverformung dient hier, wie auch bei den Formgedächtnispolymeren, eine Temperaturänderung. Zudem gibt es FGL, die ein gummiartiges Verhalten aufweisen [46]. Legierungssysteme, die einen Formgedächtniseffekt zeigen, sind beispielsweise NiTi, FePt, FeMnSi und CuZn [70,71].

Der Formgedächtniseffekt basiert auf einer martensitischen Phasenumwandlung [72,73]. Bei der reversiblen martensitischen Phasenumwandlung findet ein Übergang von der Hochtemperaturphase Austenit (β) zur Niedertemperaturphase Martensit (α) statt. Dabei tritt eine Änderung der Kristallstruktur auf, die über eine Scherung des Kristallgitters beschrieben werden kann. Mit der Scherung des Kristallgitters ist eine Volumenausdehnung und eine kollektive Bewegung der Atome verbunden. Die erzielbare reversible Formänderung beträgt zwischen 6-10% [74].

Je nach Umgebungstemperatur, Legierungszusammensetzung und thermomechanischer Behandlung können drei unterschiedliche Arten von Formgedächtniseffekten auftreten: (i) pseudoelastischer Effekt, (ii) Einwegeffekt und (iii) Zweiwegeffekt. Der pseudoelastische Effekt und der Einwegeffekt sind die technologisch bedeutenderen Effekte und werden daher im Folgenden näher erläutert.

Abbildung 2-4 zeigt eine schematische Darstellung des pseudoelastischen Effektes, der rein mechanisch und ohne äußere Temperaturänderung induziert wird.

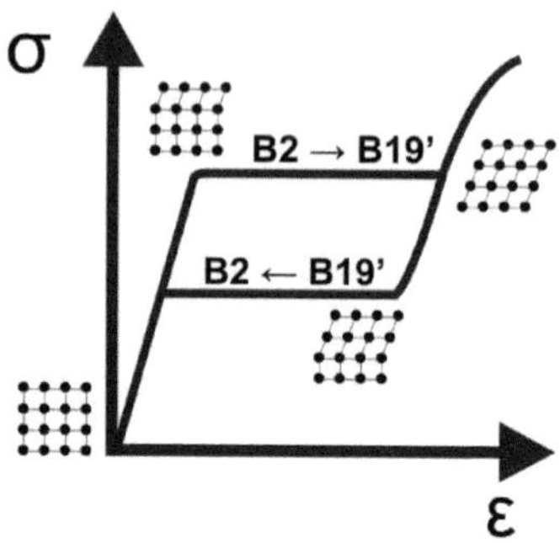

Abbildung 2-4: Schematische Darstellung des pseudoelastischen Effektes als Spannungs-Dehnungs-Kurve [75].

Durch die Verformung kommt es zu einer spannungsinduzierten Martensitumwandlung. Das Material zeigt ein superelastisches Verhalten und verformt sich in einem elastischen Plateau mit nahezu konstanter Spannung. Im Ausgangszustand liegt ein austenitisches Gefüge (B2) vor, das durch eine äußere Spannung zunächst rein elastisch (ggf. mit gleichzeitiger Bildung der R-Phase) bis zu einer Plateauspannung verformt werden kann. Mit zunehmender Dehnung findet die spannungsinduzierte Martensitbildung (B19') statt. Am Plateau-Ende ist die spannungsinduzierte Phasenumwandlung abgeschlossen. Entlastet man das Material aus der Plateauspannung, erfolgt die Rückumwandlung in den Austenit und damit in die Ausgangsform. Der Dehnungsrückgang ist nahezu vollständig. Wird das Material allerdings über das Plateau-Ende hinaus belastet, so erfolgt elastische und schließlich plastische Verformung des Martensits.

Materialien mit Einwegeffekt können nach einer Verformung durch Aufheizen wieder in ihre Ausgangsform zurückkehren. Abbildung 2-5 zeigt eine schematische Darstellung des Einwegeffektes. Im Ausgangszustand liegt ein martensitisches Gefüge vor, das beim Anlegen einer äußeren Spannung elastisch verformt wird. Die Spannung erreicht ein Plateau, in dem eine scheinbar plastische Verformung erfolgt und günstig zur Spannung orientierte Martensitvarianten wachsen. Durch diese Verschiebung von Zwillingsgrenzen wird der Martensit „entzwillingt", so dass das Material am Plateau-Ende im vollständig ausgerichteten Zustand vorliegt. Bei weiterer Verformung über den Plateaubereich hinaus schließt sich zunächst ein nahezu linearelastischer Bereich an, in dem der entzwillingte Martensit weiter elastisch verformt wird. Es folgt die irreversible Verformung durch plastisches Fließen, die aufgrund von Versetzungsbildung und –bewegung eintritt. Nach Entlastung des Materials aus dem Plateaubereich, bleibt eine scheinbar irreversible Dehnung zurück. Die Ausgangsform des pseudoplastisch verformten Materials kann jedoch durch angemessene Erwärmung wieder hergestellt werden.

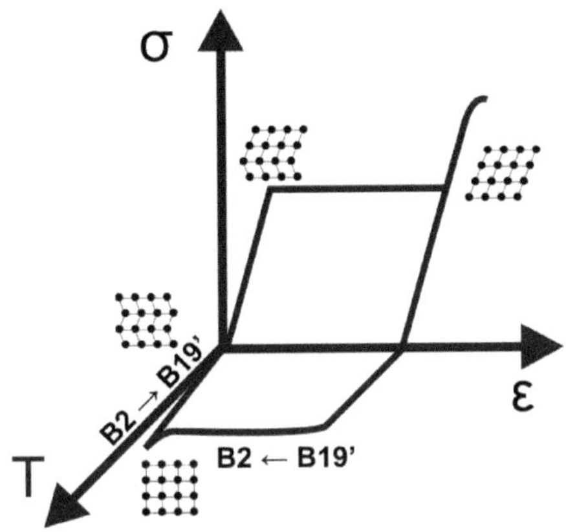

Abbildung 2-5: Schematische Darstellung des Einwegeffektes im Spannungs-Dehnungs-Temperatur-Diagramm [75].

NiTi / Polymer - Verbunde: Es gibt einige Arbeiten über die Herstellung von Verbunden aus Polymermatrix und FGL und ihre Eigenschaften [76,77]. Jedoch stellt sich die Haftung zwischen beiden Komponenten ohne Vorbehandlung als Problem heraus. Selbst Verbunde mit sonst gut haftenden Komponenten, wie Epoxydharz oder Silikonkautschuk, weisen für technische Zwecke eine zu geringe Adhäsion auf. Aus diesem Grund wurden einige Untersuchungen zur Verbesserung der Grenzflächenhaftung durchgeführt.

So untersuchten Paine et al. [78] und Jonnalagadda et al. [79] den Einfluss des gezielten Einsatzes von Oberflächenbehandlungen der NiTi-Komponente auf die Grenzflächenhaftung. Hierbei wurden zum einen mechanische und chemische Oberflächenbehandlungen wie Sandstrahlen, Schleifen und Ätzen mit Säuren betrachtet, als auch Oberflächennachbehandlungen mit Haftvermittlern wie Silanen. Während durch die mechanischen Oberflächenbehandlungen der Effekt der mechanischen Verankerung zwischen behandelter NiTi-Oberfläche und Polymer verstärkt wurde, sollten durch Silane-Behandlungen eine zusätzliche chemische Anbindung zwischen den Komponenten hergestellt werden. Beide Arbeiten konnten herausstellen, dass eine Oberflächenbehandlung mittels Sandstrahlen zu den besten Grenzflächenhaftungen führte.

Die Kombination aus mechanischen Oberflächenbehandlungen und Haftvermittlern wurde in weiteren Arbeiten aufgegriffen. Smith et al. [80] konnten die Haftfestigkeit zwischen Polymethylmethacrylat (PMMA) und NiTi durch den Einsatz von Silan-Haftvermittler verfünfzigfachen. Hierbei stand im Vordergrund, starke kovalente Bindungen zwischen beiden Materialien zu erzeugen. Dazu wurde die NiTi-Oberfläche vor dem Aufbringen des Präpolymers mit Silan adsorbiert. Anschließend fand die Polymerisation statt, bei der sich die funktionellen Gruppen des Silans in die Polymerkette einbauen.

Abu-Zarifa [81] untersuchte den Einfluss unterschiedlicher Kombinationen aus Oberflächenvorbehandlungen mit einem Haftvermittler auf die Haftfestigkeit zwischen NiTi und Polyamid 6. Als Oberflächenvorbehandlungen testete er mechanische (Schleifen), elektrochemische (Elektropolieren) und physikalische (Plasmabehandlung) Verfahren, kombiniert mit dem lösemittelhaltigen Bindemittel Chemosil 597E (Henkel, Deutschland). Die beste Haftfestigkeit zeigte letztendlich eine sehr aufwendig herzustellende Kombination aus NiTi mit mechanisch polierter Oberfläche und anschließender Plasmabehandlung mit Haftvermittlerschicht, die im Niederdruckplasma aktiviert wurde.

Kemtchou [82] kombinierte die Oberflächenvorbehandlungen Schleifen, Sandstrahlen und Elektropolieren mit den Nachbehandlungen Oberflächensilikatisierung und Adsorption verschiedener funktioneller Silane. Es konnte ein Verbund aus elektropoliertem NiTi mit Silannachbehandlung und Polyamid 6 mit sehr guter Haftung erzeugt werden, so dass die Kohäsion der polymeren Komponente überschritten wurde und der Verbund nicht mehr an der Grenzfläche versagt.

Silane: Organofunktionelle Silane wirken als molekulare Brücken zwischen organischen Polymeren und anorganischen Materialien. Dies ist möglich, da ein Silan sowohl die Funktionalität einer reaktiven organischen Gruppe als auch die anorganische Funktionalität eines Alkylsilikats in einem einzigen Molekül aufweist. Abbildung 2-6 zeigt die Funktionsweise von organofunktionellen Silane.

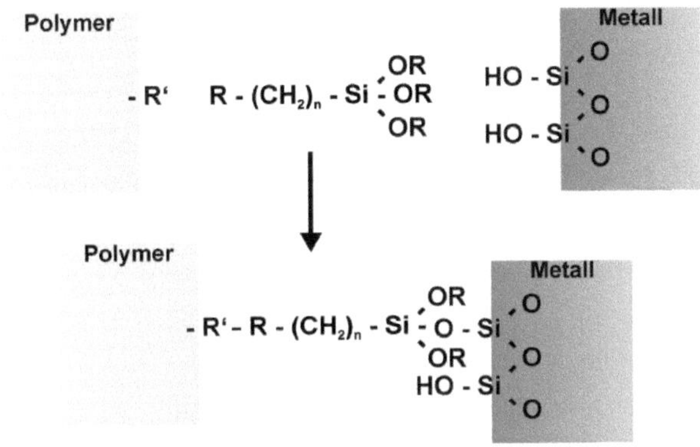

Abbildung 2-6: Funktionsweise organofunktioneller Silane als molekulare Brücke [83].

Die meisten Silane weisen einen organischen und drei hydrolysierbare Substituenten auf. Die Anbindung an das anorganische Material erfolgt über die hydrolysierbaren funktionellen Gruppen OR, wie Methoxy- oder Ethoxy-Substituenten. In Gegenwart von Wasser hydrolysieren die Alkoxygruppen des Silans zu Silanolgruppen. Diese Silanole kondensieren entweder zu oligomeren Siloxanen oder reagieren mit dem anorganischen Substrat. In der Regel kommt es zu einer kovalenten Anbindung des Silans an das anorganische Substrat im Zuge einer Kondensationsreaktion. Die Anbindung an das organische Polymer erfolgt über reaktive organofunktionelle Gruppen, bei denen es sich zum Beispiel um Amino-, Epoxy- und Isocyanatogruppen handelt [83,84].

3 Aufgabenstellung

Ziel dieser Arbeit ist sowohl die werkstoffwissenschaftliche Untersuchung der Verarbeitung von FG-Polymeren als auch der funktionellen Ermüdung bei zyklischer Abfrage des Einwegeffektes. Untersucht wird hierzu das kommerziell erhältliche Polyetherurethan Tecoflex® der Firma Lubrizol (Ohio, USA). Zudem sollen erste Erkenntnisse über die Verbundherstellung zwischen NiTi-FG-Legierungen und FG-Polymer gewonnen werden.

Zur Herstellung von Proben aus FG-Polymer steht eine Spritzgießmaschine der Firma Arburg zur Verfügung. Für das als Granulat vorliegende Polymer Tecoflex® müssen zunächst geeignete Verarbeitungsparameter gefunden werden. Diese umfassen sowohl die Trocknung des Materials vor der Verarbeitung, die Spritzgieß- und Werkzeugparameter als auch die Nachbehandlung der hergestellten Proben.

Es gibt bereits ein gutes Verständnis über die physikalischen Mechanismen, die für den Einwegeffekt in Formgedächtnispolymeren verantwortlich sind und potentielle Anwendungsgebiete wurden bereits identifiziert. Jedoch gibt es nur wenige Untersuchungen über die mechanischen Eigenschaften der FG-Polymere sowie über die funktionelle Ermüdung des Materials bei der zyklischen Abfrage des Einwegeffektes.

Die mechanischen Eigenschaften und die funktionelle Ermüdung sollen im Rahmen dieser Arbeit beispielhaft am FGP Tecoflex® untersucht werden. Die Umwandlungstemperatur des Polymers kann mithilfe der Dynamischen Differenzkalorimetrie und über die Dynamisch-Mechanische Analyse bestimmt werden. Die unterschiedlichen mechanischen Eigenschaften des Materials oberhalb und unterhalb der Umwandlungstemperatur werden mithilfe von Zugversuchen gemessen. Zur Untersuchung der funktionellen Ermüdung wird der Einwegeffekt in thermomechanischen Zyklen abgefragt. Hierbei soll der Einfluss zum einen unterschiedlicher maximaler Dehnungen und zum anderen verschieden hoher Rückumwandlungstemperaturen für die Abfrage des Einwegeffektes auf das Rückverformungsverhalten des Polymers untersucht werden. Aus den Ergebnissen der Abfrage des Einwegeffektes lässt sich dann die tatsächliche Schalttemperatur T_{sw} des Materials bestimmen, die nicht mit der Umwandlungstemperatur T_{trans} übereinstimmen muss. Mithilfe der IR-Spektroskopie sollen die FG-Polymerproben jeweils vor und nach der thermomechanischen Zyklierung untersucht werden, um eventuell auftretende strukturelle und/oder chemische Veränderungen des Materials feststellen zu können.

Die vorliegende Arbeit soll sich zudem auch mit den Grundlagen der Herstellung von NiTi-FGL-/FGP-Verbunden befassen. Hierbei wird auf Verfahren zur Haftfestigkeitssteigerung von S. Kemtchou [82] zurückgegriffen. Dabei soll der Einfluss unterschiedlicher Oberflächenbehandlungen der NiTi-Komponente auf die Haftfestigkeit zwischen NiTi und Polymer untersucht werden. Zusätzlich werden unterschiedliche Haftvermittlerschichten aus Silan mit den Oberflächenbehandlungen kombiniert. Die Verbunde werden durch Spritzgießen hergestellt und die Haftfestigkeit wird mittels Pull-Out-Tests untersucht.

4 Experimentelles

4.1 Untersuchte Werkstoffe

Formgedächtnispolymer: Im Rahmen dieser Arbeit wurde das kommerziell erhältliche, thermoplastische Elastomer Tecoflex® EG 72D (TFX) der Firma Lubrizol (Ohio, USA) untersucht. Es handelt sich hierbei um ein völlig amorphes, cycloaliphatisches Polyetherurethan, das aus 4,4'-Diisocyanatodicyclohexylmethan ($H_{12}MDI$), 1,4-Butandiol (1,4-BD) und Poly(tetramethylen glykol) (PTMG) synthetisiert wird [64,85].

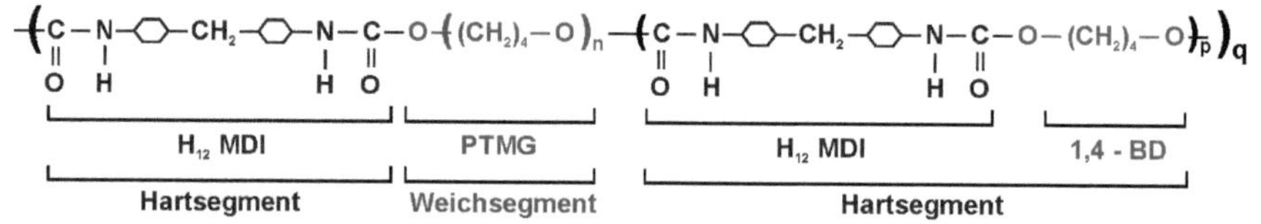

Abbildung 4-1: Chemische Strukturformel des FGL Tecoflex® EG 72D. Das thermoplastische Elastomer besteht aus einem Hartsegment, einem Weichsegment und einer Mischphase.

Wie in Abbildung 4-1 zu erkennen ist, enthält dieses Multiblockcopolymer $H_{12}MDI$ / 1,4-BD Hartsegmente und PTMG Weichsegmente. Diese beiden Segmente sind schlecht mischbar, weshalb es zu einer phasensegregierten Anordnung kommt. Trotzdem wird ein geringer Anteil einer Mischphase gebildet, die sogenannte Schaltphase. Die Umwandlungstemperatur der Schaltphase ist eine Glasübergangstemperatur und tritt bei T_{trans} = 74°C auf. Die Temperatur, bei der die Rückverformung des FGL im Versuch beginnt, wird Schalttemperatur T_{sw} genannt [45]. T_{sw} kann nur experimentell in zyklischen thermomechanischen Versuchen bestimmt werden (Abbildung 4-2). Hierfür wird das Polymer aus einer temporären, gestreckten Form aufgeheizt (hier 50% gedehnte Probe bei 80°C) und die Rückverformung beobachtet. T_{sw} entspricht dann der Temperatur, bei der die Rückverformung einsetzt. Die Schalttemperatur von TFX liegt bei $T_{sw} \approx 55$°C. TFX liegt als Granulat zur Verarbeitung mit einer Spritzgießmaschine vor.

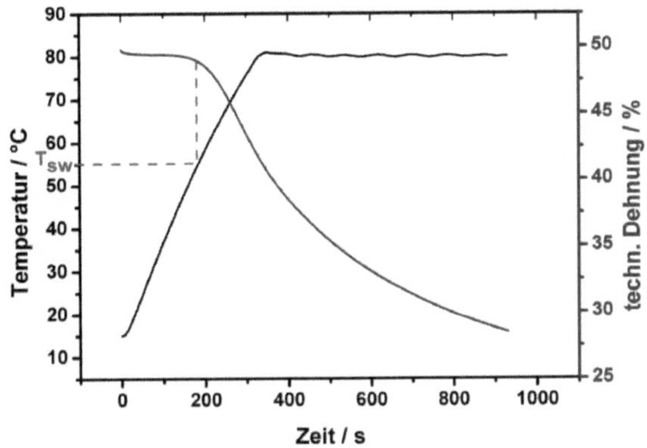

Abbildung 4-2: Bestimmung der Schalttemperatur T_{sw} für TFX. T_{sw} entspricht der Temperatur, bei der die Rückverformung einsetzt.

NiTi-Formgedächtnislegierung: Für die Verbundherstellung wurde pseudoelastisches NiTi-Band der Firma Memory Metalle GmbH (Weil am Rhein, Deutschland) verwendet. Die Legierung hat einen Nickelgehalt von 50,8 at.-%. Das Band hat einen Querschnitt von 0,63 mm x 3,30 mm und wurde nach dem Kaltwalzen geradegeglüht. Abbildung 4-3 zeigt die DSC-Kurve des NiTi-Bandes.

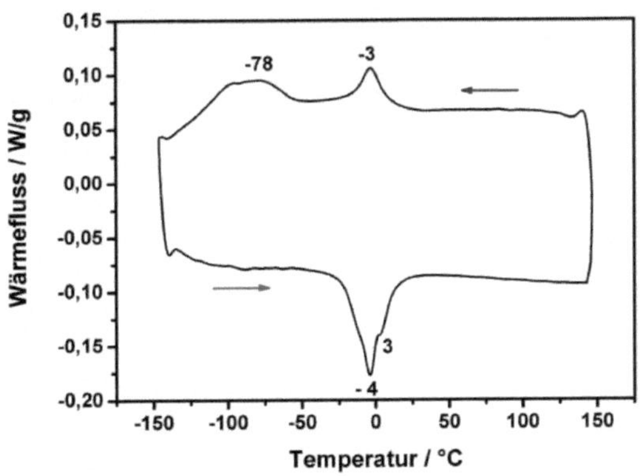

Abbildung 4-3: DSC-Kurve des verwendeten pseudoelastischen NiTi-Bandes.

Die DSC-Kurve zeigt beim Aufwärmen aus dem Martensit eine zweistufige Phasenumwandlung. Dieses wird bei ultrafeinförnigen Materialien beobachtet [86]. Allerdings ist nicht genau geklärt, um welche Phasenumwandlungen es sich dabei handelt [87]. Beim Abkühlen findet ebenso eine zweistufige Phasenumwandlung vom kubischraumzentrierten Austenit über eine orthorhombische Zwischenphase (R-Phase) in den monoklinen Martensit statt. Abbildung 4-4 zeigt eine lichtmikroskopische Aufnahme einer NiTi-Probe. Die Probe wurde mit SiC-Schleifpapier (Körnung: 500-1200) geschliffen und mit Diamantemulsion (6, 3 und 1 µm) poliert. Zur Sichtbarmachung der Gefügestruktur erfolgte eine Farbätzung in einer Lösung aus 50 ml Beraha I (1000 ml destilliertes Wasser, 200 ml konz. Salzsäure, 24 g Ammoniumhydrogendifluorid) mit 15 g Kaliumdisulfit [88]. Die Probe wird in der Ätzlösung bewegt und nach einem Farbumschlag zu blau entnommen, gereinigt und getrocknet. Die Farbätzung bleibt nur für 30 Minuten erhalten, so dass die Untersuchung am Lichtmikroskop sofort durchgeführt werden muss.

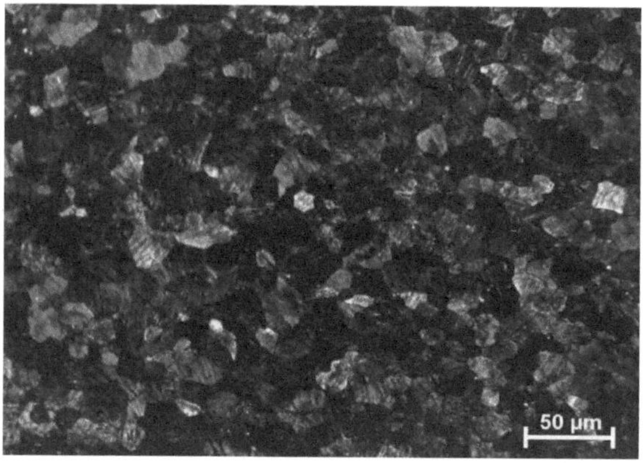

Abbildung 4-4: Lichtmikroskopische Aufnahme einer geschliffenen und geätzten NiTi-Probe.

Es wurden unbehandelte, geschliffene und elektrolytisch polierte NiTi-Proben der Größe 0,63 mm x 3,30 mm x 40 mm verwendet. Die geschliffenen Proben wurden mit Schleifpapier der Körnung 1000 bearbeitet. Das Schleifen dient hauptsächlich dem Entfernen der Oxidschicht, die sich beim Geradeglühen auf dem Band bildet. Die polierten Proben wurden mit einem Elektrolyten aus 79% Essigsäure und 21% Perchlorsäure bei 20°C für 15 Minuten mit einer Spannung von 10 V behandelt. Die polierten Proben dienen als Referenzproben, da eine Haftung aufgrund mechanischer Verklammerung ausgeschlossen werden kann und somit die chemische Haftung isoliert betrachtet werden kann.

4.2 Spritzgießen - Proben- und Verbundherstellung

FGP-Proben: Die FGP Proben wurden mithilfe einer Spritzgießmaschine der Firma Arburg (Loßburg, Deutschland) vom Typ Allrounder 270M 500-210 hergestellt. Die wichtigsten Verarbeitungsparameter für die Herstellung der Proben sind Tabelle 4-1 zu entnehmen. Die verwendeten Parameter mussten zuvor iterativ erarbeitet werden.

Tabelle 4-1: Verarbeitungsparameter zur Herstellung von Proben aus TFX mittels Spritzgießen.

Parameter	Einheit	eingestellter Wert
Schmelztemperatur	°C	204
Werkzeugtemperatur	°C	30
Einspritzrate	mm/s	26
Einspritzdruck	MPa	60
Nachdruck	MPa	55
Nachdruckzeit	s	15

Das Granulat wird vor dem Spritzgießen für mehrere Stunden bei 60°C getrocknet. Die Trockentemperatur wurde so gewählt, dass das Granulat möglichst warm getrocknet wird, jedoch nicht im Trockner verklebt. So kann die Wasserdampfentwicklung beim Spritzgießvorgang minimiert werden. Das Material sollte dazu eine Restfeuchte von unter 0,05 Gew.-% aufweisen. Zu kurze Trockenzeiten führen zur Wasserdampfentwicklung in der Plastifiziereinheit, was zu Blasen in den gespritzten Proben und zu schlechten Oberflächeneigenschaften führt. Die Zylinder- und Düsenheizung ist in fünf Heizzonen aufgeteilt, um eine exakte Temperierung der Masse zu gewährleisten. Zone 1 im Bereich der temperierten Granulatzufuhr wird mit 180°C beheizt. In der Plastifizierzone wird das Material über drei Zonen von 193°C über 199°C auf 204°C stufenweise erwärmt. Die letzte Zone wird über die Düsenheizung auf 204°C erhitzt, so dass die Polymermasse mit dieser Temperatur in das Werkzeug eingespritzt werden kann.

Das Werkzeug wird auf 30°C temperiert. Eine Temperierung des Werkzeugs dient der Verminderung von Inhomogenitäten der Probe. Die heiße plastifizierte Kunststoffmasse wird in das kalte Werkzeug gespritzt, wo durch den Temperaturgradienten beim Erstarren Spannungen im Spritzgut erzeugt werden. Es wurde hier nur eine leichte Erwärmung des Werkzeuges auf 30°C gewählt, da die Proben sonst vor der Entformung nicht schnell genug abkühlen. Bereits geringe Abweichungen von den genannten Spritzgießparametern führen zum Verkleben des Anspritzkanals durch das Material, da für die Verarbeitung von thermoplastischen Elastomeren üblicherweise die Anschnitte, Verteilerkanäle und Angusskegel 25 bis 50% größer dimensio-

niert werden als bei harten Thermoplasten [89]. Jedoch wurde diese Umrüstung an der Spritzgießmaschine aus Kostengründen nicht vorgenommen.
Hergestellt werden bei jedem Spritzgussvorgang jeweils ein Zugstab, ein Biegestab und ein kleiner Biegestab. Für die nachfolgenden Untersuchungen wurden der Zugstab und der kleine Biegestab verwendet, Abbildung 4-5 (a) und (b).

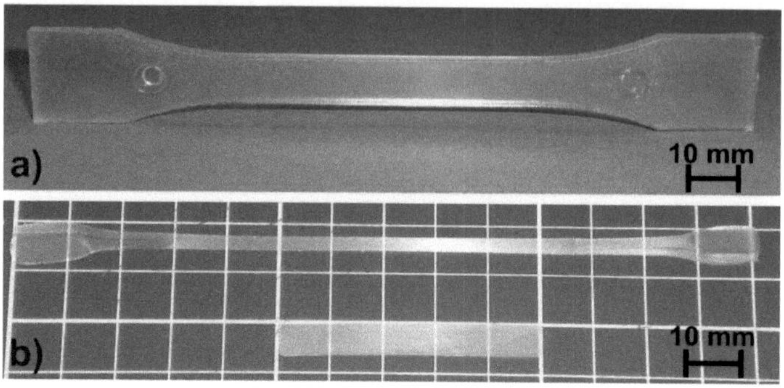

Abbildung 4-5: Probengeometrien der spritzgegossenen FGP-Proben: (a) Zugstab, (b) Biegestab im Ausgangszustand und gedehnt.

Der Zugstab hat eine Probendicke von 4 mm, eine parallele Probenlänge von 70 mm und eine Breite von 10 mm. Die Probengeometrie des Biegestabs entspricht 4 mm x 6 mm x 50 mm. Nach dem Spritzgießen werden die Proben für eine Stunde bei 60°C homogenisiert, um die Spannungen im Spritzgut abzubauen.

NiTi/FGP-Verbund: Die Verbundprobenherstellung erfolgte angelehnt an die bisher am Lehrstuhl durchgeführten Untersuchungen im Bereich NiTi/Polyamid 6-Verbunde durch Herrn Dr.-Ing. Kemtchou [82]. Zur Verbesserung der Haftvermittlung zwischen NiTi und TFX wurden zum einen die Oberflächenvorbehandlungen Schleifen und Elektropolieren sowie die Oberflächennachbehandlung mit Silan an NiTi getestet. Als Haftvermittler wurden zwei unterschiedliche Silane der Firma Gelest (USA) eingesetzt. Zum einen wurde das Bis[3-(trimethoxysilyl)propyl]ethylendiamin (BIS) ausgewählt, mit dem in der Arbeit von Kemtchou die beste Haftfestigkeit zwischen NiTi und Polyamid 6 erzielt werden konnte. Es handelt sich dabei um einen dipodalen Haftvermittler der molaren Masse von 384,62 g/mol mit sechs Alkoxy- und zwei Aminogruppen. Getestet wurde eine 1%ige Lösung aus 59,28 g 2-Propanol, 0,12 ml Wasser und 0,6 ml Silan. Als zweites Silan wurde 3-Aminopropyltri-ethoxysilan (AMEO) mit einer molaren Masse von 221,37 g/mol verwendet. Es besteht aus drei Alkoxygruppen und einer Aminogruppe und ist für die Haftvermittlung von Polyurethanen geeignet. Tabelle 4-2 können die genauen Lösungszusammensetzungen entnommen werden. Verwendet wurden in diesem Fall drei unterschiedliche Lösungen (1%, 3%, 5%).

Tabelle 4-2: Zusammensetzung der Silanlösungen des 3-Aminopropyltriethoxysilan.

	1% Lösung	3% Lösung	5% Lösung
2-Propanol	59,29 g	57,88 g	56,47 g
Wasser	0,11 ml	0,32 ml	0,53 ml
Silan	0,6 ml	1,8 ml	3 ml

Nach dem Ansetzen der Silanlösung benötigt diese eine Hydrolysezeit von drei Stunden. Danach werden die NiTi-Proben in Ethanol gereinigt, für 10 Minuten in die Silanlösung getaucht, mit 2-Propanol abgespült und schließlich für eine Stunde bei 120°C im Ofen getrocknet. Anschließend erfolgt umgehend das Umspritzen der Proben mit FGP. Für das Spritzgießen werden die in Tabelle 4-1 aufgeführten Parameter verwendet. Aus der Kombination der NiTi-Oberflächenvorbehandlungen und der Silan-Nachbehandlungen ergab sich folgende Versuchsmatrix,Tabelle 4-3.

Tabelle 4-3: Versuchsmatrix zur Verbundherstellung.

	ohne Silan	mit Silan BIS 1%	mit Silan AMEO 1%	mit Silan AMEO 3%	mit Silan AMEO 5%
unbehandelt	x	x	x	x	x
geschliffen	x	x	x	x	x
elektropoliert	x	x	x	x	x

Zur Fixierung der NiTi-Probe beim Spritzgießen, wird ein Einlegewerkzeug verwendet (Abbildung 4-6). Die Verbundproben werden abschließend wie die reinen Polymerproben für eine Stunde bei 60°C im Ofen homogenisiert.

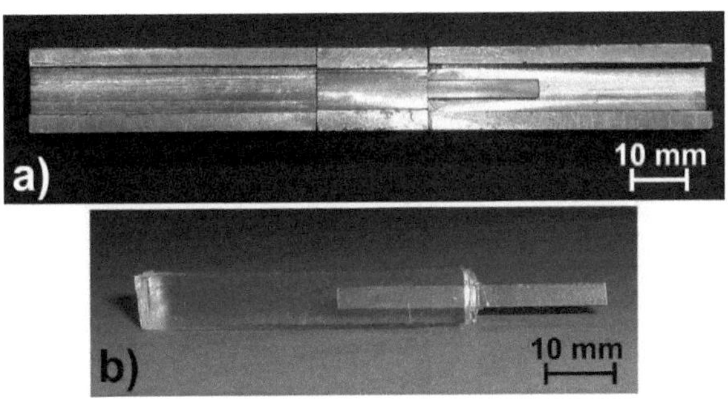

Abbildung 4-6: Spritzgieß-Werkzeug zur Fixierung des NiTi-Bandes während des Spritzgießens (a) und NiTi/FGP-Verbundprobe (b).

4.3 Mechanische Untersuchungen und Mikroskopie

Zugversuche: TFX Proben wurden mit einer Universalprüfmaschine Z2.5 der Firma Zwick (Ulm, Deutschland), die mit einer Temperierkammer ausgestattet ist, getestet (Abbildung 4-7). Die Datenerfassung erfolgte mit der testXpert® Steuerung und Datenerfassung.

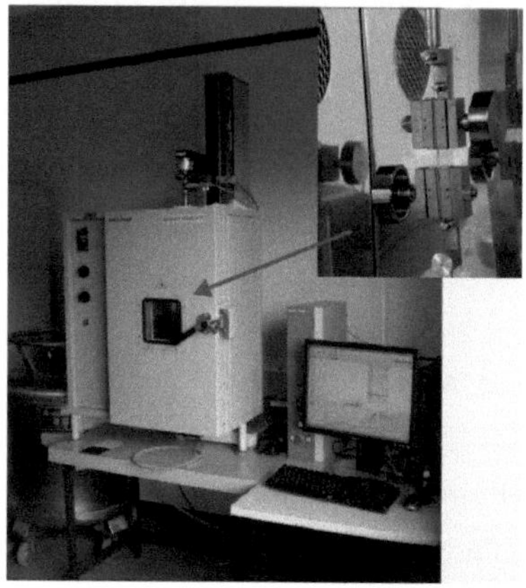

Abbildung 4-7: Universalprüfmaschine Z2.5 der Firma Zwick mit einer vergrößerten Darstellung der Probeneinspannung.

Die Biegestäbe aus TFX wurden auf eine Probendicke von 2 mm gedünnt (2 mm x 6 mm x 50 mm), um die vorhandene Einspannung nutzen zu können. Versuche bei Raumtemperatur (T_{amb} = 21°C) wurden mit einer 1000 N Kraftmessdose durchgeführt, während für Versuche bei Temperaturen oberhalb der Umwandlungstemperatur (T_{high} = 75, 80, 85, 90°C) eine 100 N Kraftmessdose gewählt wurde. Mit Zugversuchen bei unterschiedlichen T_{high} sollte die Temperaturabhängigkeit der mechanischen Eigenschaften oberhalb T_{sw} und T_{trans} untersucht werden. Alle Versuche wurden mit einer Traversengeschwindigkeit von 5 mm/min durchgeführt. Die Dehnung wurde mithilfe der Querhauptverschiebung bestimmt, da die vorhandenen Dehnungsaufnehmer für die Größenordnung der bei Polymeren auftretenden Dehnungen nicht geeignet sind.

Während der Versuche werden Kraft F in N und Traversenweg l in mm aufgezeichnet. Daraus lässt sich die technische Spannung

$$\sigma_t = \frac{F}{A_0} \qquad \text{Gl. 4-1}$$

bezogen auf den unverformten Querschnitt der Probe A_0 berechnen.

Die technische Dehnung ε_t ergibt sich aus der Längenänderung der Probe Δl und der freien parallelen Probenlänge l_0 zu

$$\varepsilon_t = \frac{\Delta l}{l_0}. \qquad \text{Gl. 4-2}$$

Abbildung 4-8 zeigt den schematischen Verlauf einer Spannungs-Dehnungs-Kurve, die bei Raumtemperatur (RT) an einer thermoplastischen Zugprobe beobachtet werden kann.

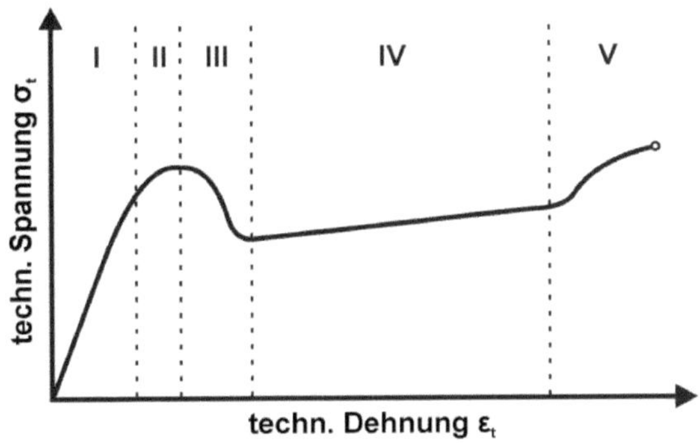

Abbildung 4-8: Schematischer Verlauf einer Spannungs-Dehnungs-Kurve thermoplastischer Zugproben bei RT mit den fünf charakteristischen Bereichen: I) elastische Verformung, II) homogene plastische Verformung, III) lokalisierte Verformung, IV) Ausbreitung der lokal verformten Zone über die Probe, V) abschließende Verformung bis zum Bruch [59].

Hierbei zeichnen sich fünf charakteristische Bereiche im Verformungszustand der Probe ab. In Bereich I wird die Probe zunächst elastisch verformt und geht in Bereich II in homogene plastische Verformung über. In Bereich III kommt es zur Bildung einer verfestigten lokalen Einschnürung. Im weiteren Verlauf des Bereiches IV breitet sich diese Einschnürung über die ganze Probe aus, wobei eine weitere Verfestigung des Materials durch Streckung und Ausrichtung der Moleküle stattfindet. In Bereich V führt weitere Verformung schließlich zum Versagen der Probe [59].

Dynamische Differenzkalorimetrie (DSC): Um die Glas- und Umwandlungstemperaturen von TFX zu bestimmen, wurden DSC-Messungen durchgeführt. Dazu wurde ein Gerät der Firma Netzsch vom Typ DSC 204 F1 (Abbildung 4-9) eingesetzt. Die Untersuchungen wurden im Temperaturbereich -50°C bis 200°C mit unterschiedlichen Heiz- und Kühlraten durchgeführt, um deren Einfluss auf die jeweils gemessenen Umwandlungstemperaturen zu bestimmen. Die üblicherweise verwendete Heiz-

/Kühlrate von 20 K/min hat sich bei den meisten thermoplastischen Kunststoffen bewährt. Da die Heiz-/Kühlrate jedoch proportional zum Wärmestrom ist, erhält man mit höheren Raten deutlichere Signale [90], die allerdings aufgrund der thermischen Trägheit bei etwas anderen Temperaturen auftreten.

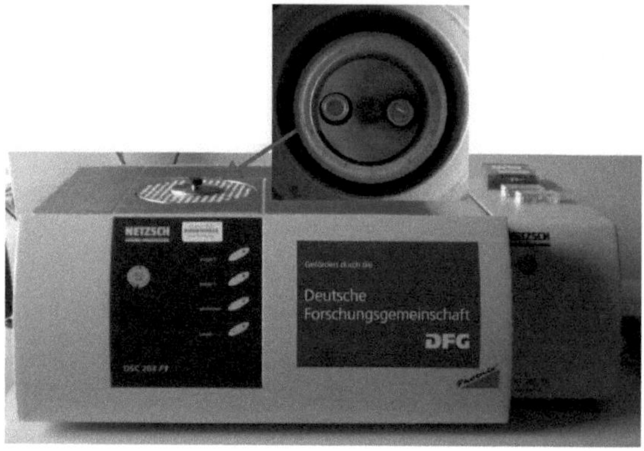

Abbildung 4-9: Dynamisches Differenz-Kalorimeter der Firma Netzsch mit einer vergrößerten Darstellung des Probenraumes.

Aus diesem Grund wurde neben einer Heiz-/Kühlrate von 20 K/min auch mit 40 K/min und 60 K/min getestet. Bei Erreichen der minimalen und maximalen Temperaturen erfolgte jeweils ein isothermes Halten für 3 Minuten. Alle Messungen wurden in einer He/Ar-Schutzgasatmosphäre durchgeführt. Das Gewicht der Proben betrug 27 bis 38 mg. Zur Charakterisierung wurden die extrapolierten Anfangstemperaturen der Umwandlungspeaks betrachtet [91].

Dynamisch-mechanische Analyse (DMA): Mithilfe der DMA in Zug-Schwell-Belastung kann die Glasübergangstemperatur T_g insbesondere von amorphen Polymeren bestimmt werden, für die die DSC kein eindeutiges Signal liefert. TFX Proben wurden mit dem Eplexor 500 N der Firma Gabo Qualimeter (Ahlden, Deutschland) getestet (Abbildung 4-10).

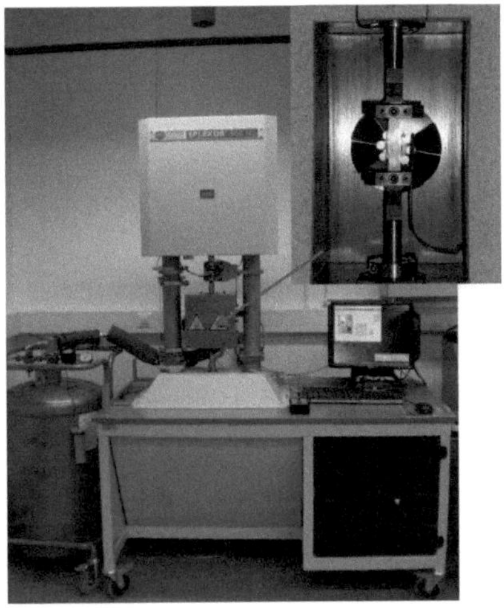

Abbildung 4-10: Eplexor 500 N von der Firma Gabo Qualimeter zur Durchführung von Dynamisch-mechanischen Analysen mit vergrößerter Darstellung der Probenkammer.

Die verwendete Probengeometrie entsprach den kleinen Biegestäben mit den Abmaßen 4 mm x 6 mm x 50 mm. Bei der DMA wurden die Proben mit einer Heizrate von 10 K/min von -50°C auf 150°C erwärmt. Zeitgleich erfolgte eine zyklische, sinusförmige Belastung der Probe von ±0,1% Dehnung um eine Vordehnung von 0,25% mit einer Frequenz von 10 Hz. Desweiteren wurden Versuche mit unterschiedlichen Heizraten (1, 2, 5, 10 und 20 K/min bei 10 Hz) und Frequenzen (1, 2, 5, 10, 20 Hz bei 10 K/min) durchgeführt, um eine Abhängigkeit der Umwandlungstemperaturen von diesen Faktoren zu untersuchen. Zur Charakterisierung wurden die Mittenpunktstemperaturen bei der Auswertung des Speichermoduls betrachtet und für die Auswertung des Verlustfaktors tan δ [92]. Hierbei liefert die Auswertung des Verlustfaktors immer etwas höhere Umwandlungstemperaturen im Vergleich zum Speichermodul.

Pull-Out Tests: Zur Beurteilung der Haftfestigkeit zwischen der NiTi-Legierung und TFX wurden Auszugversuche an den Verbundproben durchgeführt. Diese Methode ist ein Standardverfahren zur Prüfung der Haftfestigkeit zwischen eingebetteten Verstärkungsmaterialien und Polymermatrix [82,93,94]. Die Verbundprobe wird dazu in eine elektromechanische Prüfmaschine vom Typ Z100 der Firma Zwick (Ulm,

Deutschland) eingespannt. Abbildung 4-11 zeigt das Prinzip des Pull-Out Tests. Das NiTi-Band wird nach oben gezogen, während die Polymermatrix über den Anschlag zurück gehalten wird. Die Versuche werden mit einer Auszugsgeschwindigkeit von 0,5 mm/min gefahren. Aufgezeichnet wird dabei die Kraft F_a, die benötigt wird, um das NiTi-Band aus der Matrix herauszuziehen, in Abhängigkeit vom Traversenweg. Wenn die aufgebrachte Kraft, die für die Ablösung der Verbundkomponenten benötigte Schubspannung τ in der Grenzfläche erreicht, erfolgt die weitere Trennung der Verbundpartner unter Abfall der Kraft, wobei das NiTi-Band aus der Matrix herausrutscht.

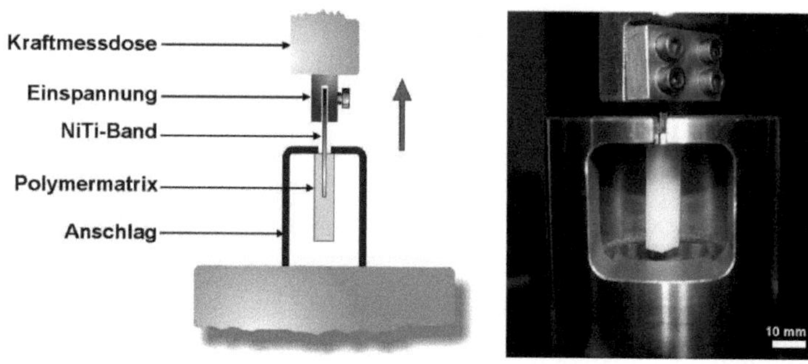

Abbildung 4-11: Schema und Darstellung des Versuchsaufbaus der Pull-Out Tests [81].

Zur Quantifizierung der Haftfestigkeit wird zunächst die Verbundfestigkeit [95] nach

$$\sigma_V = \frac{F_{a,max}}{A_g} \qquad \textbf{Gl. 4-3}$$

berechnet. Hierbei ist $F_{a,max}$ die maximal erzielte Auszugskraft und A_g die eingebettete NiTi-Oberfläche. Da bei dieser Betrachtung der Einfluss der Scherbeanspruchung an der Grenzfläche zwischen NiTi und Polymer nicht berücksichtigt wird, soll noch ein weiteres Modell zur Berechnung der Verbundfestigkeit betrachtet werden. Dazu eignet sich das Modell nach Greszczuk [96]. Entsprechend seinem Modell wird die Scherbeanspruchung als Funktion der eingebetteten Länge wie folgt beschrieben:

$$\tau(x) = \frac{-F_{a,max} \cdot \alpha}{2 \cdot \pi \cdot r_f} \left(\sin(\alpha x) - \coth(\alpha l_e) \cosh(\alpha x) \right) \qquad \textbf{Gl. 4-3}$$

mit

$$\alpha = \left(\frac{2G_m}{r_f^2 \cdot E_f \cdot \ln\left(\frac{R_p}{2r_f}\right)} \right)^{1/2} . \qquad \textbf{Gl. 4-5}$$

Dabei ist l_e die eingebettete Länge des NiTi-Bandes, α eine Konstante, E_f der elastische Modul der Faser, G_m der elastische Schermodul der Polymermatrix, r_f der Radius der Faser und R_p der Radius der Polymermatrix. Zum Zeitpunkt der Delamination an der Grenzfläche gilt $x = 0$. Dies führt zu einer vereinfachten Berechnung der Scherbeanspruchung, die die Delamination einleitet, zu

$$\tau_d = \frac{F_{a,max}}{2 \cdot \pi \cdot r_f} \alpha \cdot \coth(l_e \alpha). \qquad \textbf{Gl. 4-6}$$

Hierbei entspricht $2 \cdot \pi \cdot r_f$ dem Umfang der eingebetteten Faser, der bei rechteckigen Proben durch $2 \cdot (b + d)$, mit der Probenbreite b und –dicke d zu ersetzen ist.

Für die NiTi/TFX-Verbunde wurden folgende Materialeigenschaften für die Berechnungen angenommen: E_f = 75 GPa (E-Modul Austenit), G_m = 1,34 MPa, R_p = 8 mm, r_f = 3,3 mm, b = 3,28 mm und d = 0,68 mm. Ein erster Vergleich der Ergebnisse hat gezeigt, dass beide Modelle zu gleichen Ergebnissen führen. Dies wird an einem Beispiel (Absatz 4.4) ausführlich dargestellt und in allen nachfolgenden Fällen gemäß Gleichung 4-3 weitergeführt.

Es wurden Pull-Out Tests bei Raumtemperatur und auch bei 80°C durchgeführt, um die Haftfestigkeit oberhalb der Umwandlungstemperatur des FGP zu testen.

Kriechen / Relaxation: Zur Untersuchung des Zeitstandverhaltens von Formgedächtnispolymeren wurden bei 60°C Kriech- und Relaxationsversuche mit der Universalprüfmaschine Z2.5 der Firma Zwick (Ulm, Deutschland) mit der testXpert® Steuerung und Datenerfassung durchgeführt. Bei den Kriechversuchen wurde das FGP jeweils mit einer konstanten Kraft, die einer Verformung von 50, 100, 200 und 400% technischer Dehnung im zyklischen thermomechanischen Versuch entspricht, belastet und für zwei Stunden kraftgeregelt gehalten. Aufgezeichnet wird dabei die Änderung der Dehnung mit der Zeit. Hingegen wurde das FGP bei den Relaxationsversuchen jeweils um 50, 100, 200 und 400% gedehnt und für zwei Stunden lagegeregelt gehalten. Aufgezeichnet wird dabei die Änderung der Kraft mit der Zeit.

Rasterelektronenmikroskopie (REM): Die Oberfläche der thermomechanisch zyklierten FGP-Proben wurde mit einem REM vom Typ LEO Gemini 1530 VP (Carl Zeiss AG) untersucht, das mit einer Feldemissionskathode ausgestattet ist. Die Werkstoffoberfläche wird mit einem Elektronenstrahl abgetastet. Das setzt voraus, dass die Probe entweder selbst elektrisch leitend ist oder durch Bedampfen mit einem Metall leitend gemacht wird. Aus diesem Grund wurden die Polymerproben mithilfe eines Emitech Sputter-Coaters vom Typ K575X (Quorum Technologies, Großbritannien) mit einer dünnen Goldschicht bedampft. Für die Untersuchungen wurde der Sekundärelektronen- (SE-) Detektor verwendet. Die Darstellung der Oberflächenstruktur soll zeigen, ob durch die Zyklierung Veränderungen oder Schädigungen der Werkstoffoberfläche eingetreten sind.

Lichtmikroskopie: Für die Untersuchung der Polymerstruktur wurde ein Polarisations-Mikroskop vom Typ Orthoplan (Leitz) verwendet, das mit einer Digitalkamera DFC 295 der Firma Leica ausgestattet ist. Für die mikroskopische Untersuchung wurden durchstrahlbare Dünnschnitte des Polymers TFX mit einem Mikrotom vom Typ RM 2265 (Leica) hergestellt. Die Dicke der Polymerfolien beträgt 15 µm. Zusätzlich wurden Dünnschnitte eines kristallinen FGP auf Basis von ε-Caprolacton (PCL) zu Vergleichszwecken hergestellt. Mithilfe der Polarisations-Mikroskopie lassen sich insbesondere kristalline Bereiche (Sphärolithe) in Polymeren darstellen. Die NiTi/TFX-Verbundproben wurden mithilfe eines Lichtmikroskops vom Typ DM 4000 M (Leica) untersucht. An Querschliffen wurde die Grenzfläche NiTi/Polymer betrachtet, um die Polymeranbindung an das NiTi-Band zu untersuchen. Makroskopische Aufnahmen der NiTi/TFX-Verbundproben wurden mithilfe eines Leica S6D Zoom Stereomikroskops gemacht.

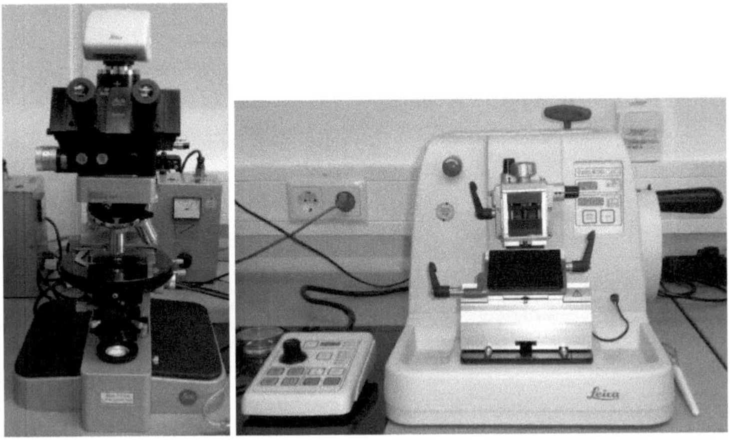

Abbildung 4-12: Darstellung des Polarisationsmikroskops mit Digitalkamera und des Mikrotoms zur Herstellung der Polymer-Dünnschnitte für die Mikroskopie.

4.4 Zyklische thermomechanische Versuche

Die zyklischen thermomechanischen Versuche wurden mit einer Universalprüfmaschine Z2.5 der Firma Zwick (Ulm, Deutschland) mit testXpert® Steuerung und Datenerfassung durchgeführt (Abbildung 4-7). Für alle Tests wurde eine 1 kN Kraftmessdose verwendet.

Mithilfe der drei Diagramme (Zeit vs. T, ε, σ) in Abbildung 4-13 lässt sich der Ablauf der zyklischen thermomechanischen Versuche erläutern. Zunächst wird die Probe auf T_{high} (hier 80°C) erwärmt und für fünf Minuten bei der Temperatur zur Einstellung des thermodynamischen Gleichgewichts gehalten (Bereich I). Während dessen wird keine Spannung oder Dehnung aufgebracht. Nach der Durchwärmphase wird die Probe lagegeregelt mit 5 mm/min auf die maximale technische Dehnung ε_{max} (hier 100%) verformt (Bereich II). Die Temperatur wird dabei konstant gehalten und die Spannung erhöht sich aufgrund des Dehnungsprozesses. Der anschließende Halt erfolgt lagegeregelt. Die Probe wird nun mit 12°C/min auf 15°C abgekühlt und dort für drei Minuten gehalten (Bereich III). Die Dehnung ändert sich dabei aufgrund des lagegeregelten Haltes nicht, jedoch kommt es zu einem Spannungsabfall, da es zu Beginn des Kühlvorgangs ($T > T_{sw}$) zur Spannungsrelaxation kommt. Während des Abkühlens treten durch die Versteifung des Weichsegmentes ($T < T_{sw}$) auch häufig Spannungsüberhöhungen auf.

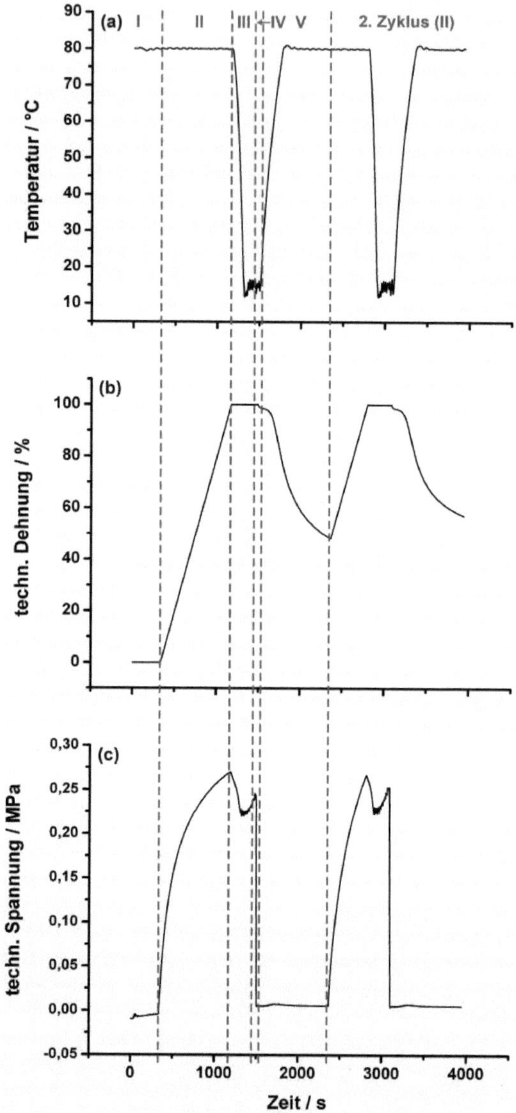

Abbildung 4-13: Erläuterung des zyklischen thermomechanischen Versuchs anhand von (a) Temperatur - Zeit-, (b) techn. Dehnung - Zeit- und (c) techn. Spannung - Zeit- Diagrammen. Bereich I: Durchwärmphase bei T_{high},; II: Dehnphase bis auf ε_{max}; III: Abkühlung auf 15°C; IV: Entlastung auf 0,2 N; V: Rückverformungsphase bei T_{high}; Beginn eines neuen Zyklus entsprechend Bereich II.

Nach Abschluss des Kühlvorganges kann die Probe lagegeregelt mit 3 mm/min auf 0,2 N entlastet und kraftgeregelt gehalten werden (Bereich IV). An dieser Stelle findet keine Entlastung auf 0 N oder kleinere Werte als 0,2 N statt, da diese nicht im Auflösungsbereich der Maschine liegen. Es könnte so zu Programmfehlern kommen, da der Wert nicht eindeutig angefahren werden kann. Durch die Entlastung verringert sich die Dehnung um wenige Prozent, da sich das Material im lastfreien Zustand noch minimal elastisch weiter rückverformen kann. Im letzten Schritt wird die Probe erneut lastfrei auf T_{high} mit 12°C/min erwärmt und für 10 Minuten (Rückverformungszeit) gehalten (Bereich V). Nach Erreichen von ca. 55°C beginnt die Rückverformung der Probe, was im Abfall der Dehnung zu erkennen ist. Die Spannung wird konstant auf 0,2 N gehalten. Der nächste Zyklus schließt sich mit der Dehnung auf ε_{max} (entspricht Bereich II) an. Die Bereiche II bis V werden so 50 Mal durchlaufen. Es wurden Versuchsreihen bei vier unterschiedlichen T_{high} (50, 60, 70, 80 und 90°C) durchgeführt. Für jede Temperatur wurden ε_{max} von 50, 100, 200 und 400% getestet. Zum Vergleich wurden vergleichsweise bei 80°C Versuche mit beiden Probengeometrien (vgl. Abschnitt 4.2) durchgeführt, um den Einfluss der Probengeometrie auf das Materialverhalten zu untersuchen.

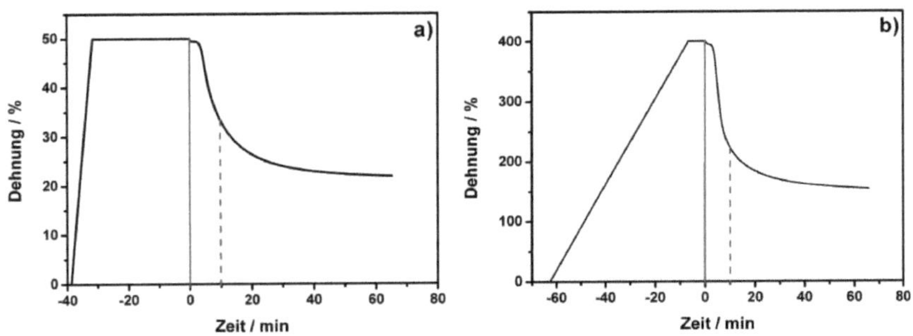

Abbildung 4-14: Versuch zur Ermittlung der Rückverformungszeit für die zyklischen thermomechanischen Untersuchungen bei (a) 50% und (b) 400% Dehnung.

Die Rückverformungszeit betrug bei allen Versuchen zehn Minuten. Es hatte sich bei ersten Voruntersuchungen gezeigt, dass bereits in den ersten zehn Minuten der überwiegende Teil der Rückverformung erfolgt, Abbildung 4-14. Zwar wäre die Rückverformung über längere Zeiten etwas größer, jedoch sind Rückverformungszeiten dieser Größenordnung technisch wenig relevant.

Für jeden Zyklus wird die Rückverformung R nach

$$R = \frac{(\varepsilon_{max} - \varepsilon_{irr,N})}{\varepsilon_{max}} \quad \text{Gl. 4-7}$$

berechnet. Hierbei ist $\varepsilon_{irr,N}$ die akkumulierte, irreversible technische Dehnung, die die Probe bei Abfrage des Einwegeffektes im N-ten Zyklus nicht rückverformen kann. R gibt die Rückstellung des Materials im Zyklus N bezogen auf die Ausgangsform des Probenkörpers an [41]. Zudem kann mit der relativen Dehnungsrückstellung D angegeben werden, wie vollständig die bei der Programmierung erfolgte Dehnung im folgenden Zyklus wieder rückgängig gemacht werden kann. D berechnet sich nach

$$D = \frac{(\varepsilon_{max} - \varepsilon_{irr,N})}{(\varepsilon_{max} - \varepsilon_{irr,N-1})}. \quad \text{Gl. 4-8}$$

Zudem wurde bei allen Versuchen auf die Formfixierung S_f geachtet, die sich nach

$$S_f = \frac{\varepsilon_{fix}}{\varepsilon_{max}} \quad \text{Gl. 4-9}$$

mit der fixierten Dehnung ε_{fix}, die nach der Abkühlung von T_{high} auf T_{low} und anschließender Entlastung vorliegt.

Abbildung 4-15 zeigt eine schematische Darstellung einer Spannungs-Dehnungs-Kurve eines thermomechanischen Zyklus mit allen relevanten Dehnungswerten, die für die Auswertung der Versuche verwendet werden.

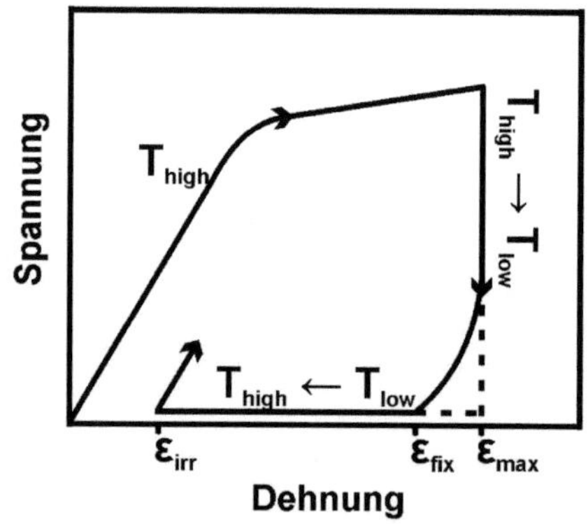

Abbildung 4-15: Schematische Darstellung des Spannungs-Dehnungs-Verlaufes eines Formgedächtnispolymers in einem thermomechanischen Zyklus [63].

Zudem enthüllt die Abbildung eine schlechte Formfixierung, da möglichst ein Zustand $\varepsilon_{fix} = \varepsilon_{max}$ ($S_f = 1$) angestrebt wird. Da die Querschnittsänderung der Proben im Versuch, die im Falle der Polymere nicht unerheblich ist, bei der Berechnung der technischen Größen nicht berücksichtigt wird, wurden zum Vergleich auch die wahre Dehnung ε_w und die wahre Spannung σ_w nach den Gleichungen

$$\varepsilon_w = \ln(1+\varepsilon_t), \qquad \text{Gl. 4-10}$$

$$\sigma_w = \sigma_t \cdot \exp(\varepsilon_w) \qquad \text{Gl. 4-11}$$

berechnet. Die Ergebnisse der Rückverformung über 50 Zyklen wurden mit einem nichtlinearen Fit angepasst.

4.5 Infrarot Spektroskopie

Die Fourier-Transform Infrarot Spektroskopie (FTIR) wurde zum einen für die genauere Charakterisierung des FGP und der Silane und zum anderen im Hinblick auf chemische Veränderungen der thermomechanisch zyklierten Proben verwendet.

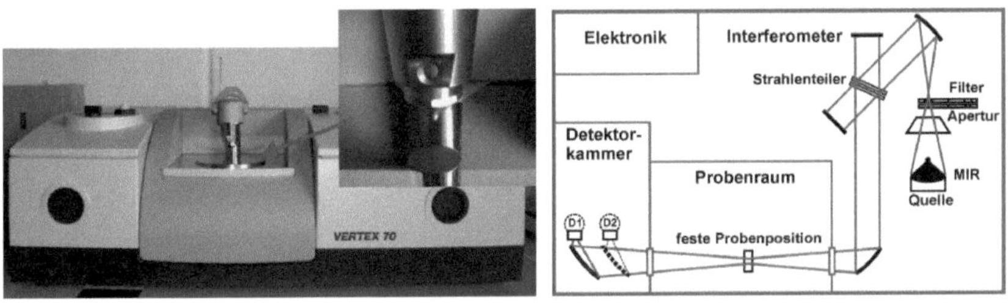

Abbildung 4-16: Vertex 70 der Firma Bruker mit eingebauter Platinum ATR Einheit und vergrößerter Ansicht des Messbereiches sowie schematische Darstellung der Messanordnung.

Die Versuche wurden mithilfe eines Spektrometers des Typs Vertex 70 der Firma Bruker (Ettlingen, Deutschland) durchgeführt. Zur Verfügung standen eine Platinum ATR (Abgeschwächte Totalreflexion) Messeinheit und das Auswertungsprogramm OPUS 6.5 (Abbildung 4-16).

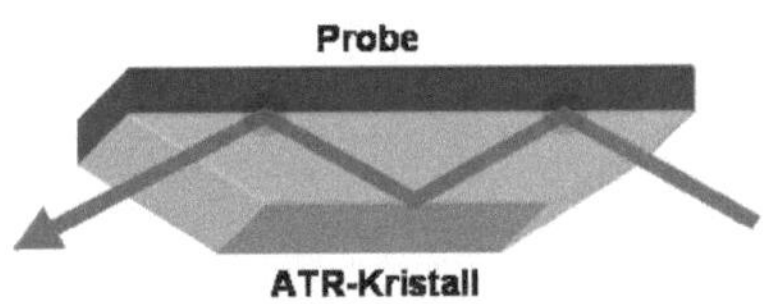

Abbildung 4-17: FTIR-Messprinzip mittels Abgeschwächter Totalreflexion (ATR).

Die Versuche wurden mit einer Auflösung von 4 cm^{-1} und einer Scan-Zeit von 16 Scans durchgeführt. Die Datenerfassung erfolgt dabei im Wellenzahlbereich von

4500 cm^{-1} bis 600 cm^{-1}. Das IR-Spektrum beruht auf der Wechselwirkung zwischen Infrarotstrahlung und durch sie angeregte Schwingungen und Rotationen der unterschiedlichen Moleküle und Strukturgruppen. IR-Strahlung kann allerdings nur dann von einem Molekül absorbiert werden, wenn sich das Dipolmoment der betreffenden Atomgruppe während der Schwingung ändert (heteronukleare Moleküle). Schwingungen, die nicht mit einer Dipolmomentänderung verbunden sind, können nicht angeregt werden und heißen IR-inaktiv (homonukleare Moleküle). Man unterscheidet zwischen symmetrischen und antisymmetrischen Streck-(Valenz-) Schwingungen sowie Biege-(Deformations-) Schwingungen. Die Schwingungen und Rotationen der Moleküle zeigen sich im Spektrum als sogenannte Absorptionsbande (Peaks). Abbildung 4-18 zeigt die unterschiedlichen Schwingungsarten [97,98].

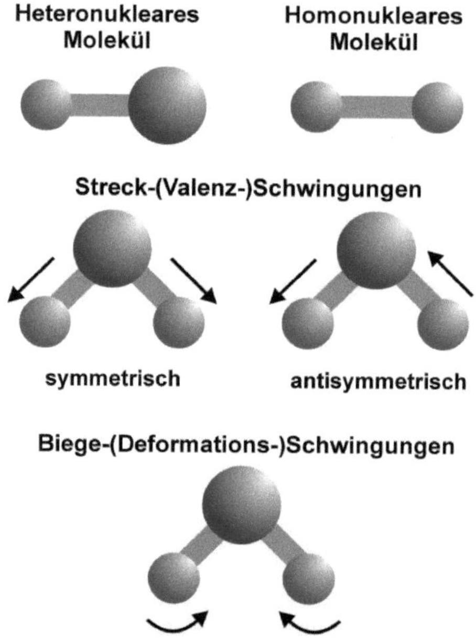

Abbildung 4-18: Unterscheidung der unterschiedlichen Schwingungsarten, die durch IR-Strahlung angeregt werden können. Heteronukleare Moleküle sind IR-aktiv, während homonukleare Moleküle IR-inaktiv sind.

Praktisch wird der Lichtdurchsatz durch die Probe mit einer Hintergrund-Durchlässigkeit („Background") des Spektrometers verglichen. Im FTIR-Spektrum wird die Absorbanz als Funktion der Wellenzahl $\tilde{\upsilon}$ dargestellt. Hierbei ergibt sich die Absorbanz AB aus

$$AB = \log_{10} \cdot \frac{1}{TR}, \qquad \textbf{Gl. 4-12}$$

mit der Transmission TR

$$TR = \frac{I}{I_0}, \qquad \textbf{Gl. 4-13}$$

die als Verhältnis der von der Probe durchgelassenen Strahlung I und der Strahlungsintensität I_0 monochromatischer Strahlung bezeichnet wird.

Die Wellenzahl $\tilde{\upsilon}$ ist der reziproke Wert der Wellenlänge λ mit der Einheit cm^{-1},

$$\tilde{\upsilon} = \frac{1}{\lambda[cm]} \quad . \qquad \textbf{Gl. 4-14}$$

5 Ergebnisse

5.1 Mechanische Untersuchungen und Mikroskopie

Zugversuche: Die Spannungs-Dehnungs-Kurven der Zugversuche an TFX, zum einen bei Raumtemperatur T_{amb} und zum anderen bei T_{high}, sind in den Abbildungen 5-1 (a) und (b) dargestellt. Die Ergebnisse spiegeln deutlich die unterschiedlichen Eigenschaften der FGP unterhalb und oberhalb der Umwandlungstemperatur wider. Bei T_{amb} zeigt das Material, wie in Abbildung 4-8 bereits erläutert, den typischen Verlauf einer thermoplastischen Zugprobe. Zunächst steigt die technische Spannung linear elastisch an, bis die homogene plastische Verformung einsetzt. Anschließend wird ein Spannungsmaximum von 26 MP bei einer technischen Dehnung von 24 % erreicht, wonach die Spannung auf eine Plateau-Spannung von ca. 22 MPa abfällt. Materialversagen tritt bei einer Dehnung von 425 % ein, Abbildung 5-1 (a). Im Bereich der abfallenden Spannung zwischen maximaler Spannung und Plateaubereich (Bereich III, Abbildung 4-8) ist die Bildung einer Einschnürung (lokalisierte Verformung) der Zugprobe zu erwarten, jedoch konnte diese bei den Versuchen nicht beobachtet werden (Abbildung 5-20).

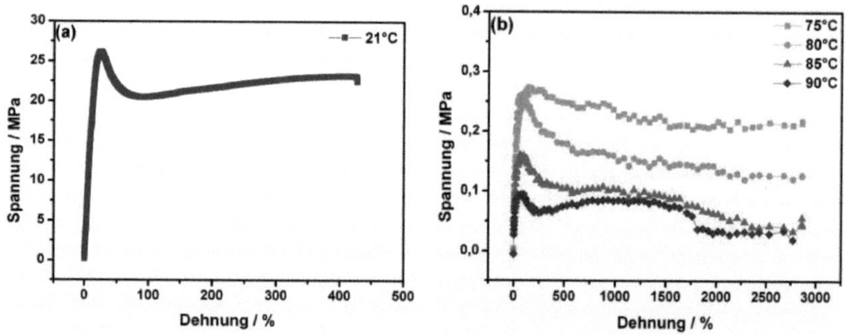

Abbildung 5-1: Ergebnisse der Zugversuche (a) bei Raumtemperatur T_{amb} = 21°C und (b) bei T_{high} = 75, 80, 85, 90°C.

Bei Temperaturen oberhalb der Schalt- und Umwandlungstemperatur von TFX zeigt sich ein ähnliches Materialverhalten, jedoch bei bedeutend geringerer technischer Spannung und größeren technischen Dehnungen. Es können Bruchdehnungen von mehr als 2000% erreicht werden. Die maximalen Spannungen sind abhängig von der Versuchstemperatur und erreichen nicht mehr als 0,1 bis 0,3 MPa, Abbildung 5-1 (b).

Mit steigender Temperatur erweicht das Material und die aufzubringende Spannung nimmt ab. In den vorliegenden Versuchen konnte ein Versagen der Proben bei T_{high} nicht erzielt werden. Ebenso konnte auch hier keine lokalisierte Verformung des Materials beobachtet werden. Das Material fließt plastisch ohne zu versagen. Die entsprechenden Spannungs-Dehnungs-Diagramme für die wahren Werte sind dem Anhang zu entnehmen (Abbildung 8-1).

DSC: In Abbildung 5-2 sind die Aufheizäste der DSC-Versuche an TFX mit unterschiedlichen Heizraten dargestellt.

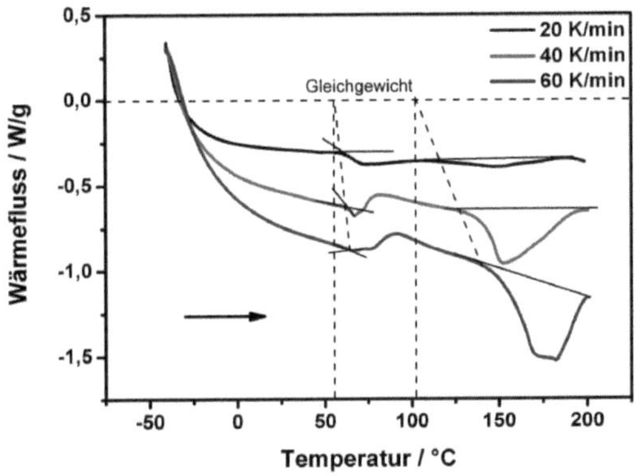

Abbildung 5-2: Ergebnisse der DSC-Messungen an TFX mit Heizraten von 20, 40 und 60 K/min. Dargestellt wird der Aufheizast der Messungen.

Es ist zu erkennen, dass die Ausprägung der Glasübergangstemperaturen bzw. Peaks mit steigender Heizrate deutlicher werden. So ist in der Kurve mit 20 K/min eine Glasübergangsstarttemperatur im Bereich von 60°C zu erkennen und nur eine sehr schwache Kurvenänderung bei einer Umwandlungs-starttemperatur von 115°C. Im Vergleich dazu zeigt die Kurve mit 40 K/min eine deutliche Materialeigenschaftsänderung bei ca. 62,5°C und zusätzlich eine Umwandlung bei 130°C. Der Kurvenverlauf bei 60 K/min zeigt beide Umwandlungen sehr deutlich bei weiter leicht erhöhten Temperaturen von ca. 68°C und 140°C. Die Umwandlung bei 60 bzw. 68°C, die auf eine Gleichgewichtstemperatur von ca. 55°C extrapoliert werden kann (vgl. Abbildung 5-3), spiegelt die Glasübergangstemperatur T_g der Mischphase wider. Diese Temperatur wird als Umwandlungstemperatur T_{trans} des Formgedächtnispolymers angesehen. Der zweite Peak bei 115 bzw. 140°C, mit Gleichgewichtstemperatur von ca. 100°C, wird der Erweichungstemperatur der Hartsegmentphase zugeordnet. Diese Untersuchung deckt die Heizratenabhängigkeit für die Umwandlungen auf, durch die sich die Starttemperaturen mit steigender Heizrate im Vergleich zur Gleichgewichtstemperatur zu höheren Temperaturen verschieben. Demnach müssen die bei einer bestimmten Heizrate gemessenen Umwandlungstemperaturen gemäß Abbildung 5-3 korrigiert werden.

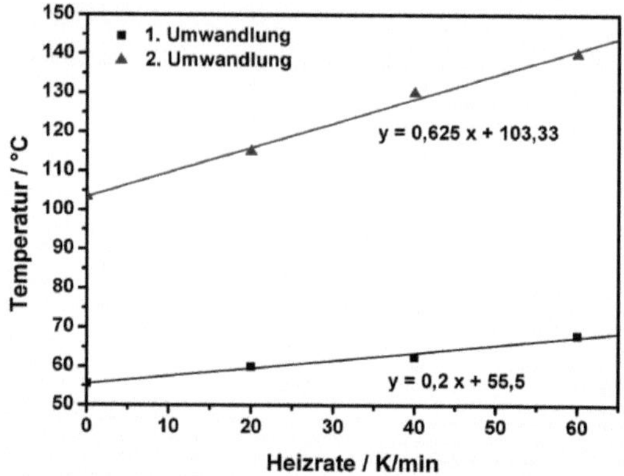

Abbildung 5-3: Heizratenabhängigkeit der Umwandlungstemperaturen, die durch DSC-Messungen ermittelt wurden. Die Gleichgewichtsumwandlungstemperaturen bei einer Heizrate von 0 K/min können linear extrapoliert werden.

Eine Ursache für die starke Heizratenanhängigkeit dürfte in der schlechten Wärmeleitung des untersuchten Polymers liegen, welche die Einstellung eines thermischen Gleichgewichts verzögert.

DMA: Die Ergebnisse der DMA-Versuche sind in den Abbildungen 5-4 bis 5-6 dargestellt. Abbildung 5-4 (a) zeigt den Speichermodul (frequenzabhängiger Elastizitätsmodul) und den Verlustfaktor tan δ (mechanische Dämpfung) als Funktion der Temperatur für eine Messung, die mit einer Heizrate von 10 K/min bei einer Frequenz von 10 Hz im Temperaturbereich von -50 bis 150°C durchgeführt wurde. Die Peaks der Verlustfaktorkurve treten bei den Temperaturen auf, bei denen das Material maximal dämpft.

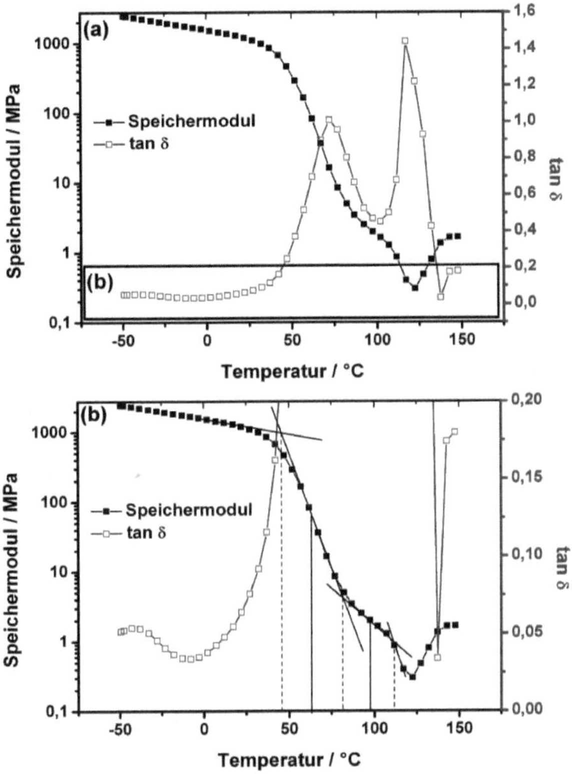

Abbildung 5-4: Speichermodul (volle Symbole) und Dämpfung als Funktion der Temperatur. Die Maxima des Verlustfaktors tan δ entsprechen den Glasübergangstemperaturen des Weichsegmentes (vergrößert in (b): T_g = -40°C), der Mischphase mit einer Umwandlungsstarttemperatur von 48°C (T_g = 74°C, T_{trans} des FGP) und der Erweichungstemperatur des Hartsegmentes (T_{hard} = 115°C) [99].

Das erste schwache Maximum des Verlustfaktors tan δ um -40°C, welches in Abbildung 5-4 (b) vergrößert hervorgehoben wird, entspricht der Glasübergangstemperatur der PTMG Weichsegmente [100]. Die deutliche Peakmaximum-Temperatur von 74°C spiegelt die Glasübergangstemperatur T_g der Mischphase (= T_{trans} des FGP) wider, während der dritte Peak bei 115°C der Erweichungstemperatur der Hartsegmente entspricht [101]. Der steile Abfall der Speichermodul-Kurve im Bereich von 48°C bis 80°C mit einer Mittenpunktstemperatur von ca. 63°C gibt die starke Erweichung des Materials oberhalb der Schalttemperatur T_{sw} (55°C) wieder, während der weitere Abfall zwischen 80°C und 115°C mit einer Mittenpunkttemperatur von ca. 99°C die vollständige Erweichung des Materials oberhalb der Erweichungstemperatur der Hartsegmente darstellt. Die Ergebnisse der Auswertung des Speichermoduls stimmen in etwa mit den Ergebnissen der DSC-Versuche für den gleichgewichtsnahen Zustand überein.

Abbildung 5-5 zeigt die Ergebnisse der DMA-Versuche mit unterschiedlichen Heizraten. Alle Versuche wurden bei einer Frequenz von 10 Hz durchgeführt.

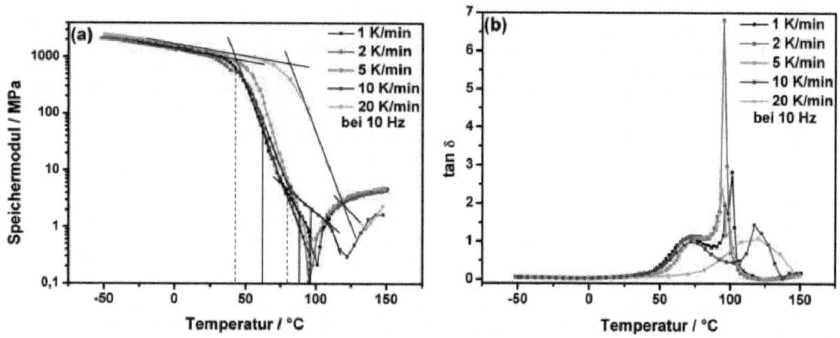

Abbildung 5-5: Variation der Heizrate bei einer Frequenz von 10 Hz. (a) Speichermodul als Funktion der Temperatur, (b) Verlustfaktor tan δ als Funktion der Temperatur.

In Abbildung 5-5 (a) ist der Speichermodul in Abhängigkeit von der Temperatur aufgetragen. Die Ergebnisse zeigen, dass eine Variation der Heizrate von 1 K/min über 2 K/min auf 5 K/min keinen Einfluss auf den Verlauf des Speichermoduls mit steigender Temperatur hat und die Probe sich nahezu im thermodynamischen Gleichgewicht befindet. Die Erweichung des Materials deutet sich in allen drei Kurvenverläufen bei einer Mittenpunktstemperatur von ca. 63°C an, worauf ein zweiter Erweichungsschritt bei ca. 90°C erfolgt. Eine Erhöhung der Heizrate auf 10 K/min zeigt zunächst den gleichen Verlauf wie bereits bei niedrigeren Heizraten, jedoch verschiebt sich der zweite Erweichungsschritt auf eine höhere Temperatur von 99°C. Dieses Verhalten wird bei weiterer Erhöhung der Heizrate auf 20 K/min noch deutlicher, da ein gleichgewichtsferneres Temperaturprofil in der Probe entsteht. Der stufenartige Modulabfall ist erst bei ca. 100°C zu beobachten und das Minimum bei 135°C. Die Verschiebung der Umwandlungstemperaturen zu höheren Temperaturen bei Erhöhung der Heizrate ist auch im Verlauf des Verlustfaktors als Funktion der Temperatur (Abbildung 5-5 (b)) zu erkennen. Betrachtet man zunächst den Peak für die Glasübergangstemperatur T_g der Mischphase mit der Peaktemperatur von 74°C, so zeigt sich, mit Ausnahme der Heizrate von 20 K/min, kein Einfluss der Heizratenvariation. Jedoch verschiebt sich der Peak für die Erweichungstemperatur der Hartsegmente von einer Peakmaximumtemperatur von 100°C bei Heizraten von 1, 2 und 5 K/min auf 120°C für 10 K/min. Der Kurvenverlauf für eine Heizrate von 20 K/min zeigt hingegen ein gleichgewichtsfernes Verhalten mit lediglich nur einem breiten Peak mit Maximum bei 120°C. Literaturangaben [64,85] zu den Temperaturen der Umwandlungspunkte des FGP Tecoflex® stimmen mit den Werten überein, die mithilfe der dynamisch-mechanischen Analyse gemessen wurden. Aus der Literatur übliche Werte für die Heizrate liegen bei 1 bis 2 K/min [102].

Abbildung 5-6 zeigt die Ergebnisse der DMA-Versuche bei unterschiedlichen Frequenzen. Hierdurch wird der Einfluss der Selbsterwärmung der Probe durch innere Reibung (Hysterese der Spannungs-Dehnungskurve) bei zyklischer Belastung erfasst. Alle Versuche wurden mit einer Heizrate von 10 K/min durchgeführt.

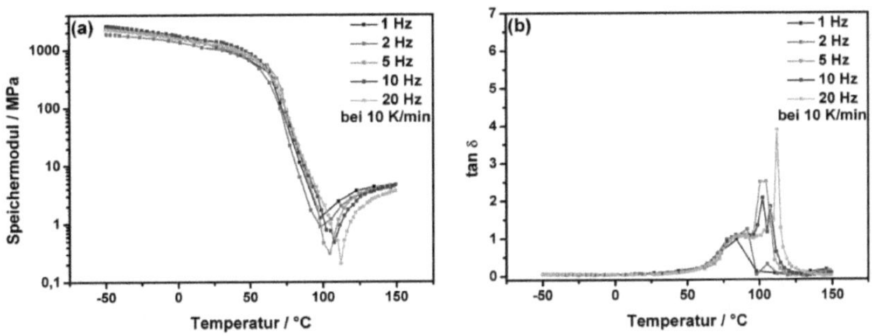

Abbildung 5-6: Variation der Frequenz bei einer Heizrate von 10 K/min. (a) Speichermodul als Funktion der Temperatur, (b) Verlustfaktor tan δ als Funktion der Temperatur.

In Abbildung 5-6 (a) ist der Speichermodul als Funktion der Temperatur aufgetragen. Die Ergebnisse zeigen, dass kein deutlicher Einfluss der Frequenzänderung auf den Kurvenverlauf festzustellen ist. Der sprungartige Modulabfall tritt für alle untersuchten Frequenzen bei einer Mittenpunktstemperatur von ca. 75°C auf. Lediglich die Temperatur des Modul-Minimums streut im Bereich von 98°C bis 112°C. Hierbei steigt die Temperatur mit steigender Frequenz. Abbildung 5-6 (b) zeigt den Verlustfaktor tan δ als Funktion der Temperatur für alle getesteten Frequenzen. Die Peaktemperatur für die Glasübergangstemperatur T_g der Mischphase tritt bei allen Frequenzen bei 80°C auf. Das Peakmaximum für die Erweichungstemperatur der Hartsegmente zeigt sich bei Frequenzen von 2, 5 und 10 Hz in variierender Intensität bei ca. 110°C. Während dieser Peak bei einer Frequenz von 1 Hz nicht auftritt, liegt er bei einer Frequenz von 20 Hz bei ca. 120°C. Demnach zeigt sich, dass die Frequenz nur einen geringen, vernachlässigbaren Einfluss auf die Lage der Übergangstemperaturen des FGP hat. Laut Norm DIN EN ISO 6721-1 werden Frequenzen im Bereich von 10^{-3} bis 100 Hz empfohlen [102].

Kriechen / Relaxation: Die Ergebnisse der Kriechversuche bei 60°C an TFX sind in Abbildung 5-7 dargestellt. Die Proben wurden mit 0,75 MPa, 1 MPa, 1,25 MPa und 1,5 MPa belastet und für zwei Stunden bei konstanter Belastung gehalten. Dargestellt wird die Dehnungsänderung mit der Zeit ab Erreichen des Belastungspunktes. Die Ergebnisse zeigen, dass sich die Proben innerhalb der Belastungsdauer in Bezug auf die Ausgangsdehnung durchschnittlich um 160 % verlängern. Nach einer Belastung der Probe mit 0,75 MPa bei 60°C liegt eine Dehnung von 1% vor, die sich nach zwei Stunden auf 134% erhöht. Hierbei findet bereits in den ersten zehn Minuten eine Dehnung auf 48% statt, wonach die Dehnungsgeschwindigkeit abnimmt. Bei einer Belastung des Materials mit 1 MPa liegt eine Ausgangsdehnung von 45% vor, die sich innerhalb der Belastungsdauer auf 238% erhöht. Mit der Zeit nimmt die Dehnungsgeschwindigkeit ab. Durch die Belastung von TFX mit 1,25 MPa bei 60°C wird eine Dehnung von 230% erzielt, die sich über zwei Stunden auf 383% erhöht. Innerhalb der ersten zehn Minuten findet bereits eine Dehnungserhöhung auf 282% statt. Versuche mit einer Belastung von 1,5 MPa konnten nur über eine Dauer von ungefähr 10 Minuten durchgeführt werden, da sich der Probenquerschnitt durch die andauernde Belastung verringert und die Probe aus der Halterung rutscht. Auch bei Verwendung aufgerauter Spannbacken war eine längere Untersuchung des Kriechverhaltens bei 1,5 MPa nicht möglich. Die Darstellung zeigt, dass die Kriechkurven für alle Belastungsstufen im sekundären Bereich parallel zueinander verlaufen, was darauf hinweist, dass die Kriechgeschwindigkeit im Bereich von 0,75 bis 1,25 MPa unabhängig von der Belastung ist.

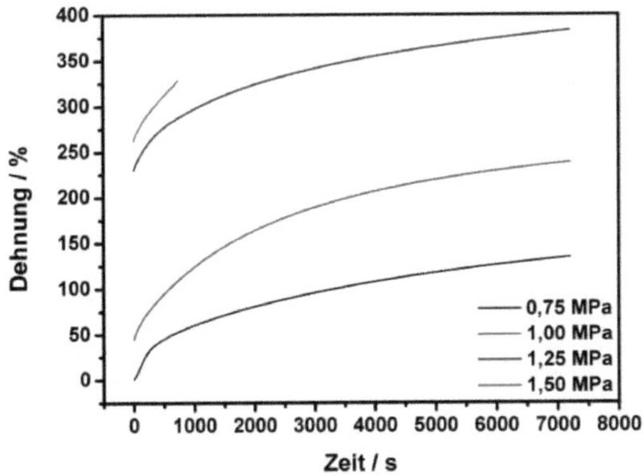

Abbildung 5-7: Ergebnisse der Kriechversuche bei 60°C über eine Belastungsdauer von zwei Stunden.

Die Ergebnisse der Spannungsrelaxationsversuche bei 60°C an TFX sind in Abbildung 5-8 dargestellt. TFX-Proben wurden um 50, 100, 200 und 400% gedehnt und für zwei Stunden bei konstanter Verformung gehalten. Dabei wird die Spannungsänderung mit der Zeit betrachtet.

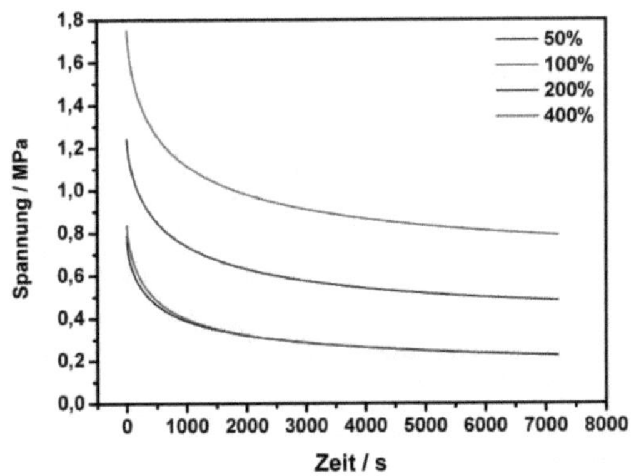

Abbildung 5-8: Ergebnisse der Spannungsrelaxation bei 60°C über eine Belastungsdauer von zwei Stunden.

Die Ergebnisse zeigen, dass die Spannung bei allen Belastungsfällen im betrachteten Zeitraum um 0,57 bis 0,96 MPa abfällt bzw. relaxiert. Für die Dehnung des Materials auf 50% wird eine Spannung von 0,79 MPa benötigt, die über die Belastungsdauer auf 0,22 MPa relaxiert. Der Rückgang der Spannung in den ersten zehn Minuten erfolgt bereits auf 0,44 MPa. Die Spannungsrelaxation für eine auf 100% gedehnte Probe verläuft im gleichen Spannungsbereich wie bei 50% Dehnung. Zu Beginn tritt eine Spannung von 0,84 MPa auf, die ebenfalls auf 0,22 MPa relaxiert. Für die Dehnung von TFX auf 200% wird eine Spannung von 1,24 MPa benötigt. Diese Spannung relaxiert bereits in den ersten zehn Minuten auf 0,82 MPa und sinkt im weiteren Verlauf auf 0,48 MPa ab. Parallel dazu verläuft die Spannungsrelaxation bei einer auf 400% gedehnten Probe. Die Ausgangsspannung beträgt 1,75 MPa, die über die Belastungsdauer von zwei Stunden auf 0,79 MPa relaxiert. Innerhalb der ersten zehn Minuten findet bereits eine Relaxation auf 1,22 MPa statt. Die Ergebnisse zeigen, dass die relaxierte Spannung mit steigender Verformung der Probe zunimmt. So relaxiert eine um 50% gedehnte Probe in zwei Stunden um 0,57 MPa, während eine um 100% gedehnte Probe einen Spannungsverlust von 0,62 MPa zeigt. Wird die Dehnung auf 200% erhöht, beträgt die relaxierte Spannung 0,76 MPa. Bei einer Dehnung von 400% ist schließlich ein Spannungsverlust um 0,96 MPa zu verzeichnen.

Polarisationsmikroskopie: Dünnschnitte des Polymers TFX wurden mithilfe eines Polarisationsmikroskops untersucht, um die Mikrostruktur des Polymers zu charakterisieren. Es soll sich um ein völlig amorphes Polymer handeln. Zum Vergleich wurde ebenfalls ein Dünnschnitt eines kristallinen FG-Polymers auf Basis von ε-Caprolacton untersucht. Abbildung 5-9 stellt die Aufnahmen beider Polymere dar, wobei Abbildung 5-9 (a) den Dünnschnitt des FGP Tecoflex® zeigt und (b) des FG-Polymers auf Basis von ε-Caprolacton. Der Dünnschnitt von TFX ist vollständig durchstrahlbar und zeigt keine kristallinen Strukturen, wie z.B. Sphärolithe. Es ist lediglich eine schwache, zeilige Strukturierung der Folie zu erkennen, die auf den Schneideprozess mit dem Mikrotom zurückzuführen ist. Im Vergleich dazu zeigt der Dünnschnitt des PCL eine deutliche Sphärolithstruktur. Dies bestätigt, dass es sich bei TFX um ein völlig amorphes Polymer handelt.

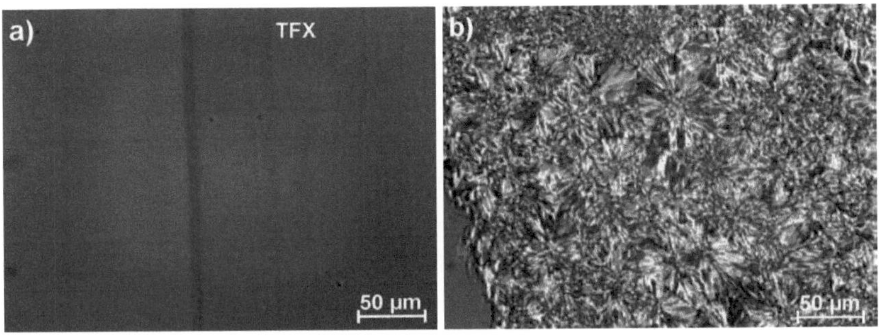

Abbildung 5-9: Polarisationsmikroskopische Aufnahme eines Dünnschnittes von TFX (a). Als Vergleichsmaterial wurde ein Dünnschnitt eines kristallinen Polymers auf Basis von ε-Caprolacton untersucht (b).

5.2 Zyklische thermomechanische Versuche

Für die Durchführung der zyklischen thermomechanischen Versuche standen zwei Probengeometrien zur Verfügung (kleiner Biegestab und Zugstab, Abbildung 4-5).

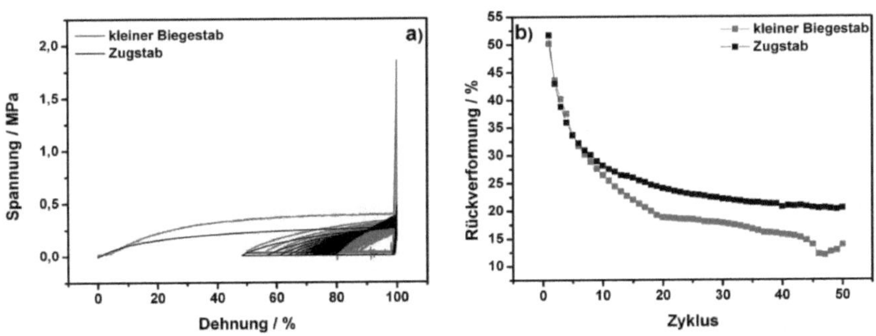

Abbildung 5-10: Vergleich der Ergebnisse eines zyklischen thermomechanischen Versuchs mit 100% Dehnung bei 80°C mit dem kleinen Biegestab (rot) und mit dem Zugstab (schwarz); (a) Spannungs-Dehnungs-Diagramm, (b) Rückverformung.

Ein Vergleich der Ergebnisse beider Probengeometrien am Beispiel eines Versuches mit 100% technischer Dehnung bei 80°C zeigt, dass die Werte für technische Spannung und Dehnung in der gleichen Größenordnung liegen (Abbildung 5-10). Da die Ergebnisse vergleichbar sind, wird eine Unabhängigkeit der Eigenschaften von der Probengeometrie angenommen und es werden im weiteren Verlauf nur die Ergebnisse des Zugstabes betrachtet.

Als erste Versuchsreihe wurden zyklische thermomechanische Versuche zwischen 15°C und 80°C durchgeführt. Die Wahl der oberen Grenztemperatur stützt sich auf die Annahme einer Umwandlungstemperatur von 63°C mit einer zusätzlichen Reserve zur kompletten Durchwärmung des Materials, um die Umwandlungstemperatur sicher zu überschreiten. Die Ergebnisse der Programmierung und der anschließenden Rückstellung der Verformung durch den Einwegeffekt werden in den Abbildungen 5-11 (a) - (d) als technische Spannungs-Dehnungs-Diagramme dargestellt. Die entsprechenden Ergebnisse mit Auftragung der wahren Spannung und Dehnung können dem Anhang entnommen werden (Abbildung 8-2 bis Abbildung 8-6). Die Ergebnisse zeigen, wie sich die technische Dehnung mit steigender Zahl thermomechanischer Zyklen entwickelt. Es wird deutlich, dass die aus der Dehnung resultierende Spannung und die Hystereseweite mit steigender maximaler Dehnung zunehmen. Für die Verformung von TFX werden Spannungen zwischen 0,23 und 0,86 MPa benötigt. Bei der Abkühlung der Probe unter Last treten höhere Spannungen auf (Spannungspeak bei ε_{max}), als für die maximale Dehnung bei T_{high} notwendig ist. Das ist auf thermische Spannungen zurückzuführen, die aufgrund der Kontraktionseigenschaften des Materials durch den Temperaturabfall unter Last entstehen. Das Material verformt sich mit zunehmender Zyklenzahl immer weniger zurück und die Hystereseschleifen werden kleiner. Stellt man die Entwicklung der berechneten Werte für die Rückverformung in Abhängigkeit von der Zyklenzahl dar (Abbildung 5-11 (e)), so zeigt sich, dass die Rückverformung für Dehnungen von 50%, 100% und 200% bei vergleichbaren Werten liegt, während sie bei 400% Dehnung wesentlich größer ist. Bei Dehnungen von 50% bis 200% fällt die Rückverformung in den ersten 20 Zyklen von 49 bis 56% auf 24 bis 26% ab. In diesem Bereich fällt die Rückverformung bei 400% von 55% auf 39% ab. Nach 20 Zyklen stabilisiert sich dieser Wert für Dehnungen zwischen 50% und 200% bei 21% und für 400% Dehnung bei 35% Rückverformung.

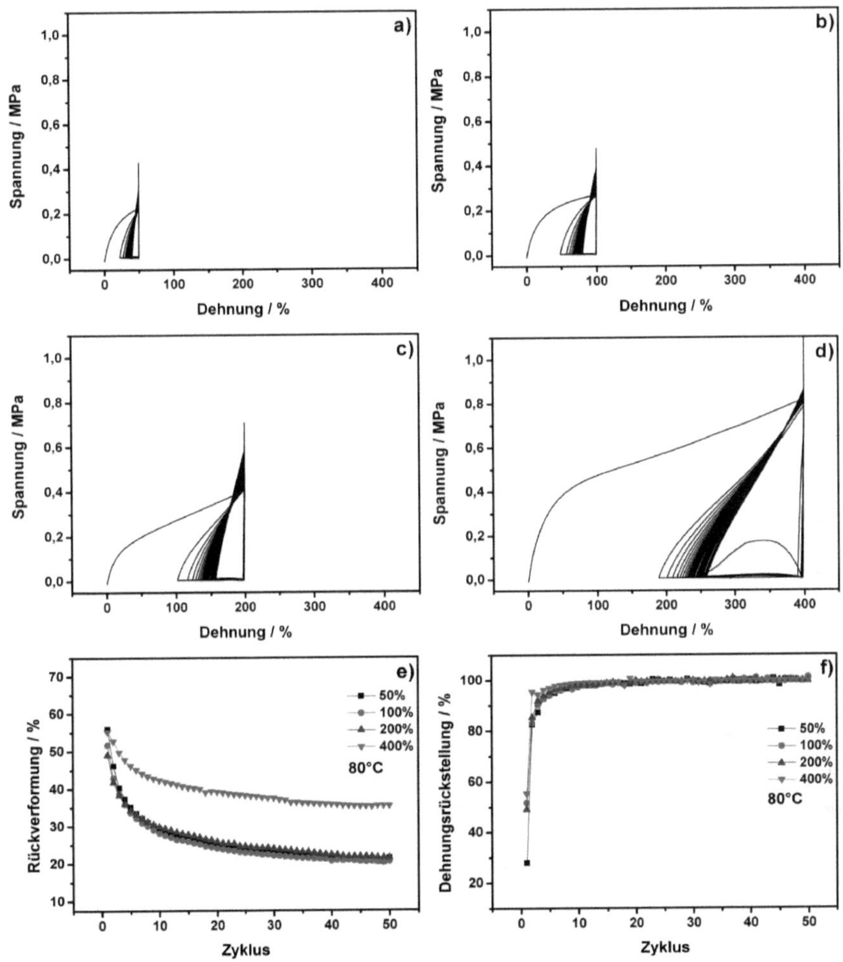

Abbildung 5-11: Ergebnisse der zyklischen thermomechanischen Versuche bei 80°C und 10 Minuten Rückverformungszeit mit (a) 50%, (b) 100%, (c) 200% und (d) 400% Dehnung, sowie der Vergleich der Rückverformung (e) und der Dehnungsrückstellung (f) [99].

Die Darstellung der Dehnungsrückstellung (Abbildung 5-11 (f)) verdeutlicht zusätzlich, wie vollständig die bei der Programmierung erfolgte Dehnung im nachfolgenden Zyklus wieder rückgängig gemacht werden kann. Hier ist zu erkennen, dass nach ca. zehn Zyklen die Rückstellung, bezogen auf den vorherigen Zyklus, nahezu 100% erreicht. Das bedeutet, dass sich die Messwerte mit zunehmender Zyklenzahl einem gleichen Wert annähern und somit Deformation und Wiederherstellung reproduzierbarer werden [41]. Dies trifft für alle vier Versuche zu. Zudem zeigen die Ergebnisse, dass mit zunehmender Zyklenzahl eine Verfestigung des Materials stattfindet, da die für die Deformation notwendige Spannung vom ersten bis zum 50. Zyklus steigt. Tabelle 5-1 zeigt eine Zusammenfassung der relevanten Ergebnisse für den ersten und letzten Zyklus dieser Versuchsreihe.

Tabelle 5-1: Zusammenfassung der Ergebnisse der zyklischen thermomechanischen Versuche bei 80°C im ersten und letzten Zyklus.

	Zyklus	**50%**	**100%**	**200%**	**400%**
ó$_{max}$		0,23 MPa	0,27 MPa	0,41 MPa	0,82 MPa
R	**1. Zyklus**	56%	52%	49%	55%
D		56%	52%	49%	55%
ó$_{max}$		0,31 MPa	0,38 MPa	0,58 MPa	0,86 MPa
R	**50. Zyklus**	21%	20,49%	21,42%	35,5%
D		99%	100%	99%	100%

In einer nächsten Versuchsreihe wurden zyklische thermomechanische Versuche bei 90°C durchgeführt, um den Einfluss der Temperaturerhöhung auf die Versuchsergebnisse zu untersuchen. Die Spannungs-Dehnungs-Diagramme (Abbildungen 5-12 (a) - (d)) zeigen, dass die Rückverformbarkeit des Materials sowie die Hystereseweite, wie bereits bei 80°C, mit zunehmender Zyklenzahl abnimmt. Für die Verformung von TFX bei 90°C resultieren Spannungen von 0,12 bis 0,28 MPa. Im Vergleich zu den Verformungen bei 80°C liegen die Spannungswerte niedriger aufgrund der fortschreitenden Erweichung des Materials mit steigender Temperatur. Dies zeigte sich bereits in den Zugversuchen (Abbildung 5-1). Die Darstellung der prozentualen Rückverformung bezogen auf die Ausgangsform der Probe in Abbildung 5-12 (e) verdeutlicht, dass die Ergebnisse für maximale Dehnungen von 50 und 100% bei vergleichbaren Werten liegen, während die Ergebnisse für Dehnungen von 200 und 400% deutlich schlechter sind. In den ersten 20 Zyklen fällt die Rückverformung bei 50 und 100% Dehnung von 42 bis 45% auf 23% ab. Im Bereich der ersten 20 Zyklen liegen die Rückverformungswerte für 100% Dehnung etwas höher als für 50%. Im weiteren Verlauf konvergieren die Werte für 50% Dehnung gegen 21%, während sich die Rückverformung für 100% bei 17,5% stabilisiert. Im Vergleich dazu geht die Rückverformung bei Dehnungen von 200 und 400% von anfangs 28,5 bis 37,6% auf 13,8 bis 14,6% innerhalb der ersten 20 Zyklen zurück, wonach ebenfalls in den nachfolgenden Zyklen ein Grenzwert um 11% erreicht wird.

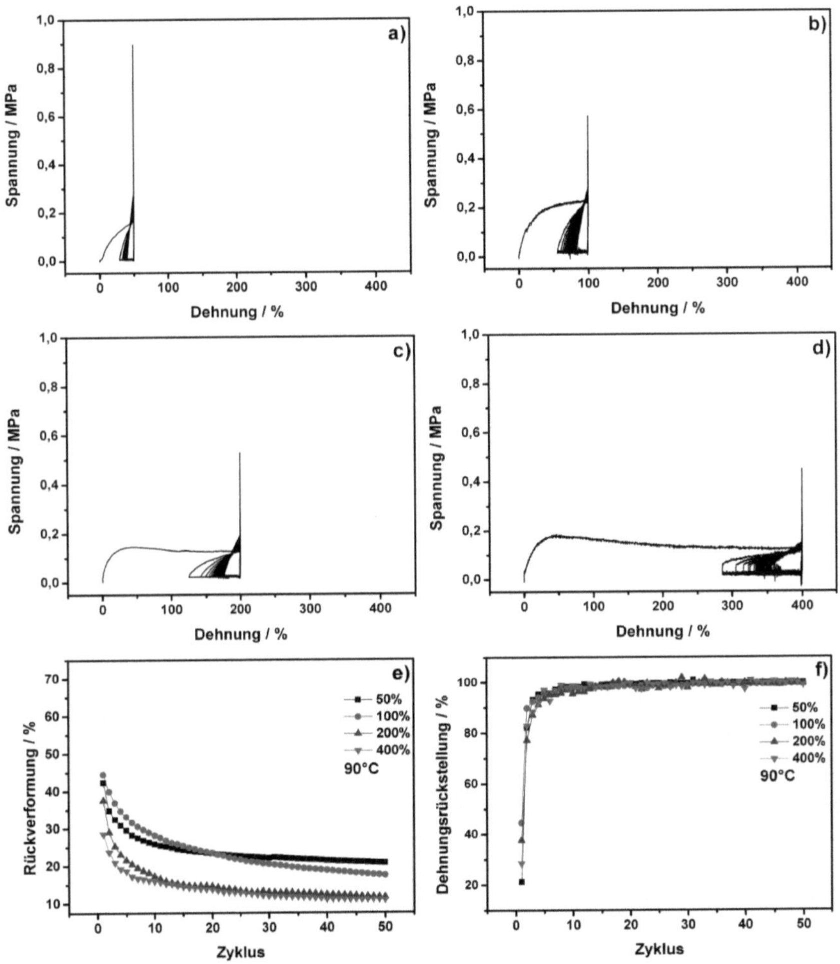

Abbildung 5-12: Ergebnisse der zyklischen thermomechanischen Versuche bei 90°C und 10 Minuten Rückverformungszeit mit (a) 50%, (b) 100%, (c) 200% und (d) 400% Dehnung, sowie der Vergleich der Rückverformung (e) und der Dehnungsrückstellung (f) [99].

Eine Betrachtung der Spannungswerte zeigt auch hier, dass im Verlauf der Zyklen eine Verfestigung des Materials stattfindet (Tabelle 5-2).

Tabelle 5-2: Zusammenfassung der Ergebnisse der zyklischen thermomechanischen Versuche bei 90°C im ersten und letzten Zyklus.

	Zyklus	50%	100%	200%	400%
σ_{max}	1. Zyklus	0,16 MPa	0,23 MPa	0,12 MPa	0,12 MPa
R		42%	45%	38%	29%
D		42%	45%	38%	29%
σ_{max}	50. Zyklus	0,28 MPa	0,27 MPa	0,19 MPa	0,14 MPa
R		21%	18%	12%	11%
D		100%	99%	100%	100%

Die Darstellung der Dehnungsrückstellung in Abbildung 5-12 (f) verdeutlicht, dass die Rückstellung nach ca. 10 Zyklen nahezu 100% erreicht. Dies deutet darauf hin, dass die Reproduzierbarkeit der Zyklen mit steigender Zyklenzahl zunimmt. Im Vergleich zu den Ergebnissen der Versuchsreihe bei 80°C, werden bei 90°C für alle maximalen Dehnungen schlechtere Ergebnisse erzielt.

Da eine Erhöhung der Temperatur in den zyklischen thermomechanischen Versuchen schlechtere mechanische Eigenschaften zur Folge hat, sollen die nachfolgenden Versuchsreihen bei Temperaturen durchgeführt werden, die sich an die Schalttemperatur T_{sw} von ca. 55°C annähern. Hierzu wurden die Temperaturschritte 70, 60 und 50°C gewählt. Abbildungen 5-13 (a) - (f) zeigen die Ergebnisse der Versuche, die bei 70°C durchgeführt wurden. Für die Deformation des TFX resultieren Spannungen im Bereich von 0,12 bis 0,71 MPa. Es ist demnach im Vergleich zu den 80°C- und 90°C-Versuchen ein Anstieg der Spannung zu erkennen, was nochmals die zunehmende Erweichung von TFX mit steigender Temperatur unterstreicht. Die beste Rückverformung tritt bei einer maximalen Dehnung von 100% auf, die in den ersten 20 Zyklen von 72,2% auf 44,9% abfällt und einem Grenzwert von 37,7% zustrebt. Die Werte für die Rückverformung bei Versuchen mit 50% und 400% Dehnung fallen in den ersten 20 Zyklen von 55 bis 68% auf 34 bis 38% ab und liegen nach 50 Zyklen bei ca. 30%. Die schlechteste Rückverformung weist die um 200% gedehnte Probe mit einem stabilen Grenzwert von 22,5% nach 50 Zyklen auf. Im Vergleich zur Versuchsreihe bei 80°C können bei 70°C für alle maximalen Dehnungen (Ausnahme 400%) bessere Rückverformungswerte erzielt werden.

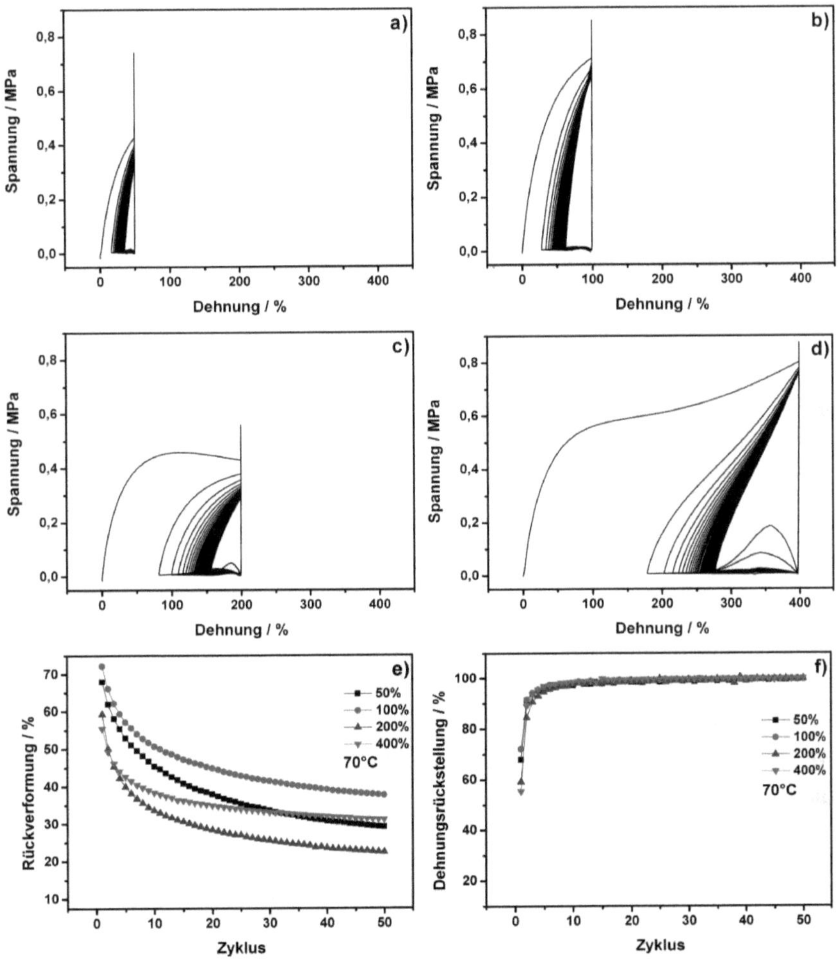

Abbildung 5-13: Ergebnisse der zyklischen thermomechanischen Versuche bei 70°C und 10 Minuten Rückverformungszeit mit (a) 50%, (b) 100%, (c) 200% und (d) 400% Dehnung, sowie der Vergleich der Rückverformung (e) und der Dehnungsrückstellung (f).

Die Darstellung der Dehnungsrückstellung liefert keine zusätzlichen, von vorherigen Versuchsreihen abweichenden Informationen über das Materialverhalten. Tabelle 5-3 zeigt, dass bei 70°C im Verlauf der Zyklen überwiegend kein Anstieg der Spannung bzw. Verfestigung stattfindet (Ausnahme 400% Dehnung).

Tabelle 5-3: Zusammenfassung der Ergebnisse der zyklischen thermomechanischen Versuche bei 70°C im ersten und letzten Zyklus.

	Zyklus	50%	100%	200%	400%
ó$_{max}$	**1. Zyklus**	0,43 MPa	0,71 MPa	0,43 MPa	0,12 MPa
R		68%	72%	59%	55%
D		68%	72%	59%	55%
ó$_{max}$	**50. Zyklus**	0,32 MPa	0,7 MPa	0,29 MPa	0,14 MPa
å$_{irr,N}$		29%	38%	23%	31%
R		100%	100%	100%	100%

In einem weiteren Annäherungsschritt an die Schalttemperatur T_{sw} von TFX werden zyklische thermomechanische Versuche bei einem Temperaturwechsel zwischen 15°C und 60°C durchgeführt. Die Ergebnisse in den Abbildungen 5-14 (a) - (f) zeigen, dass sich die Spannungen, die zur Deformation der Probe benötigt werden, erneut erhöhen und das Material bei 60°C somit eine deutlich höhere Festigkeit hat als bei 70°C. Für die Deformation treten Spannungen von 0,74 bis 1,31 MPa auf. Die Hystereseweite nimmt mit steigender maximaler Dehnung zu, während sie hingegen innerhalb eines Versuchs bei konstanter Dehnung und zunehmender Zyklenzahl abnimmt. Dies wird durch die Darstellung der prozentualen Rückverformung in Abhängigkeit von der Zyklenzahl weiter verdeutlicht. Der Verlauf der Rückverformung zeigt innerhalb der ersten 20 Zyklen einen starken Abfall, wonach sie sich einem Grenzwert nähert (asymptotisch). Bei 60°C zeigt die Probe mit einer maximalen Dehnung von 50% die beste Rückverformung. In den ersten 20 Zyklen fällt sie von 72,2% auf 50% und konvergiert gegen 41,4%. Die Werte für Versuche bei 100 und 200% Dehnung verlaufen parallel mit einem Abfall der Rückverformung von zu Beginn ca. 71% auf 40% und einem abschließenden Wert von 31%. Die schlechtesten Rückverformungswerte zeigt die mit 400% verformte Probe mit einem anfänglichen Abfall von 61,3% auf 36% und einem Grenzwert von 30,7%.

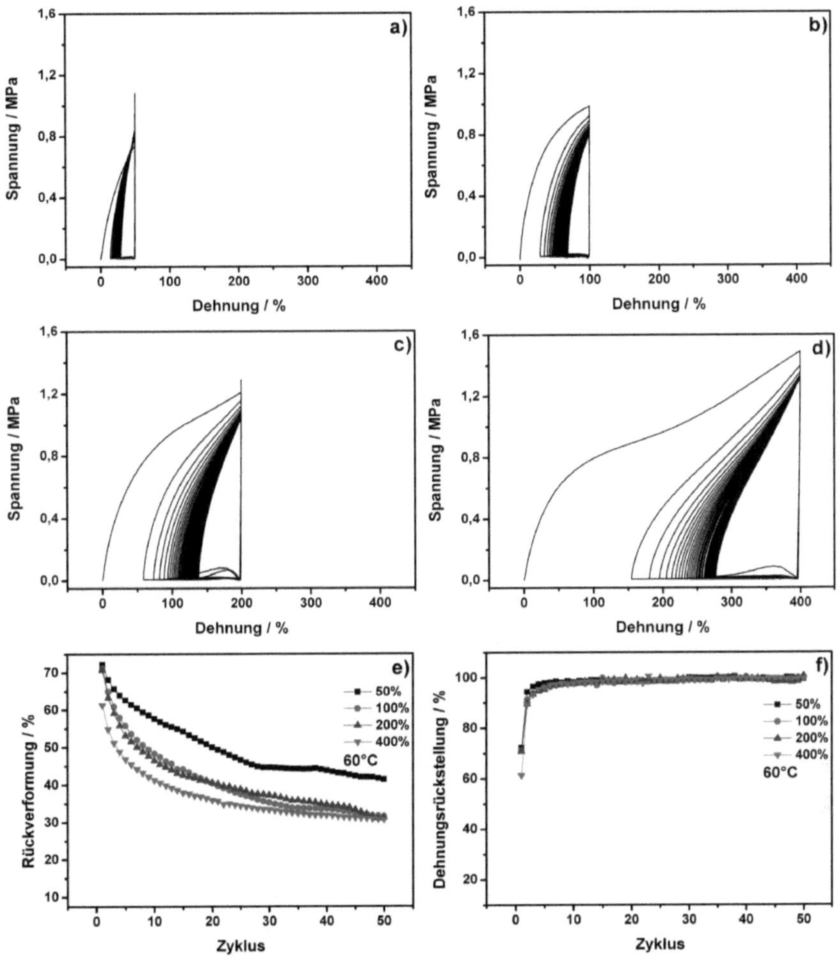

Abbildung 5-14: Ergebnisse der zyklischen thermomechanischen Versuche bei 60°C und 10 Minuten Rückverformungszeit mit (a) 50%, (b) 100%, (c) 200% und (d) 400% Dehnung, sowie der Vergleich der Rückverformung (e) und der Dehnungsrückstellung (f).

Tabelle 5-4 gibt eine Zusammenfassung über die Rückverformungs- Dehnungsrückstellungs- und Spannungswerte der Versuche bei 60°C.

Tabelle 5-4: Zusammenfassung der Ergebnisse der zyklischen thermomechanischen Versuche bei 60°C im ersten und letzten Zyklus.

	Zyklus	50%	100%	200%	400%
σ_{max}		0,74 MPa	0,98 MPa	1,2 MPa	1,49 MPa
R		72%	71%	71%	61%
D	**1. Zyklus**	72%	71%	71%	61%
σ_{max}		0,84 MPa	0,8 MPa	1,03 MPa	1,31 MPa
R		41%	32%	31%	31%
D	**50. Zyklus**	99%	100%	100%	100%

Abschließend wurde eine Versuchsreihe bei 50°C durchgeführt. Da die Schalttemperatur T_{sw} von TFX bei ca. 55°C liegt und in den zyklischen thermomechanischen Versuchen eine Temperaturschwankung von ± 5°C zulässig war, kann diese als Versuchsreihe knapp unterhalb T_{sw} angesehen werden. Die Ergebnisse werden in den Abbildungen 5-15 (a) bis (f) dargestellt und die wichtigsten Resultate werden in Tabelle 5-5 zusammengefasst. Die Spannungs-Dehnungs-Diagramme zeigen, wie bei den vorhergehenden Versuchsreihen, die Zunahme der Hystereseweite mit steigender maximaler Dehnung und der benötigten Spannung zur Deformation des Materials. Für die Verformung der Proben bei 50°C wurden deutlich höhere Spannungen mit 1,5 bis 6,5 MPa benötigt als bei 60°C.

Tabelle 5-5: Zusammenfassung der Ergebnisse der zyklischen thermomechanischen Versuche bei 50°C im ersten und letzten Zyklus.

	Zyklus	50%	100%	200%	400%
σ_{max}		1 MPa	1,21 MPa	4,69 MPa	6,53 MPa
R		55%	63%	62%	60%
D	**1. Zyklus**	55%	63%	62%	60%
σ_{max}		1,94 MPa	1,93 MPa	3,38 MPa	4,09 MPa
R		30%	24 %	32%	27%
D	**50. Zyklus**	100%	100%	100%	99%

Stellt man die Entwicklung der berechneten Werte für die Rückverformung in Abhängigkeit von der Zyklenzahl dar, so zeigt sich, dass jeweils die Werteverläufe für eine maximale Dehnung von 50% und 200% sowie für 100% und 400% vergleichbar sind. In den ersten 20 Zyklen fällt die Rückverformung für 50% und 200% Dehnung von 54,6% bis 62,4% auf 38% ab und nähert sich asymptotisch einer Rückverformung von 31%. Die Werte für Versuche bei 100% und 400% Dehnung liegen etwas niedriger und fallen zu Beginn von 60 bis 63% auf 33% bis 35% ab, um sich dann einem Grenzwert von 24% bis 27% zu nähern.

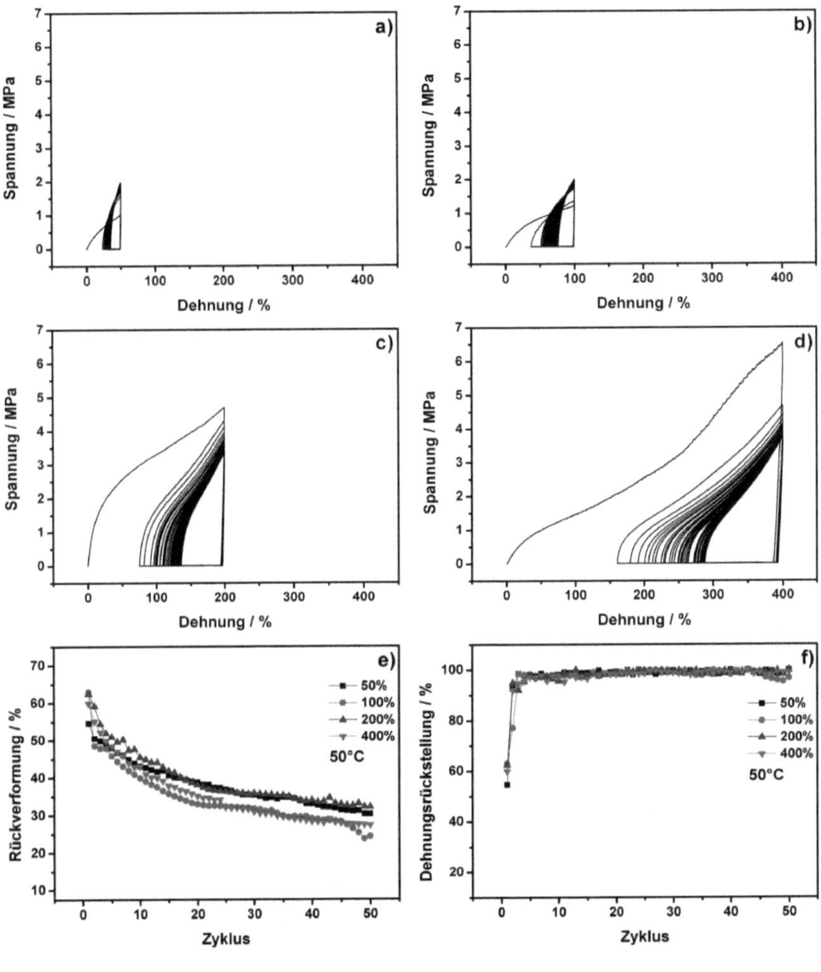

Abbildung 5-15: Ergebnisse der zyklischen thermomechanischen Versuche bei 50°C und 10 Minuten Rückverformungszeit mit (a) 50%, (b) 100%, (c) 200% und (d) 400% Dehnung, sowie der Vergleich der Rückverformung (e) und der Dehnungsrückstellung (f).

Im Vergleich zu den Versuchsreihen bei 60°C bis 90°C zeigt sich in diesem letzten Temperaturniveau eine leichte Verschlechterung der mechanischen Kennwerte, denn bei 60°C konnten bessere Rückverformungen erzielt werden. Die Werte bei 50°C sind eher vergleichbar mit den Versuchsergebnissen bei 70°C. Demnach ist eine thermomechanische Zyklierung knapp oberhalb der Schalttemperatur T_{sw} des Materials zu empfehlen. Mit zunehmender Temperaturüberschreitung erweicht das Material und die Rückverformungsfähigkeit des Materials nimmt ab. Die Betrachtung der Spannungs-Dehnungs-Kurven aller Versuche zeigt, dass nach der Abkühlung des Materials unter Last auf T_{low} und der anschließenden Entlastung bei ε_{max} keine Rückstellung des Materials um mehrere Prozent auf ε_{fix} stattfindet. Dies bedeutet, dass ε_{fix} in etwa ε_{max} entspricht und die Verformung durch die Abkühlung sehr genau eingefroren werden kann. Das Material weist somit eine gute Formfixierung auf. Tabelle 5-6 zeigt eine Übersicht über die Formfixierungswerte S_f nach Gl. 4-9, die bei den thermomechanischen Versuchen im ersten und 50. Zyklus erzielt wurden. Die Ergebnisse zeigen, dass die Formfixierung zwischen 96,7% und 99,9% liegt. Tendenziell nimmt die Formfixierung mit steigender Temperatur zu. Bei konstanter Temperatur tritt keine Abhängigkeit der Formfixierung von der maximalen Dehnung ε_{max} auf.

Tabelle 5-6: Übersicht über die Formfixierung S_f in % im ersten und 50. Zyklus.

S_f in %	90°C	80°C	70°C	60°C	50°C
50%	99,4 / 98,8	99,3 / 98,6	99 / 99,2	98,4 / 98,6	97,4 / 97,8
100%	99,1 / 98,7	99,2 / 98,7	98,9 / 99,1	99 / 99,1	97,9 / 98,8
200%	99,8 / 99,4	98,7 / 98,7	99,6 / 99,6	98,8 / 99,3	96,9 / 98
400%	99,9 / 99,7	99,8 / 99,8	99,3 / 99,2	98,8 / 98,9	96,7 / 98,2

Der Kurvenverlauf der prozentualen Rückverformung R als Funktion der Zyklenzahl N aller Versuchsreihen (Abbildung 5-11 (e) bis Abbildung 5-15 (e)) wurde mithilfe der Datenanalyse von Origin angepasst. Dabei wird deutlich, dass sich die Rückverformung als Potenzfunktion der Form

$$R = A \cdot N^{-\beta} \qquad \text{Gl. 5-1}$$

mit positiven Konstanten A und β darstellen lässt. Die Funktion ist streng monoton fallend ($-\beta < 0$) und für $x \to 0$ singular und strebt für $x \to +\infty$ gegen Null. Durch Logarithmieren lässt sich Gl. 5-1 linearisieren zu

$$\log R = \log A - \beta \cdot \log N. \qquad \text{Gl. 5-2}$$

In den Abbildungen 5-16 (a) bis (e) sind die logarithmierten Funktionen aller Versuchsreihen dargestellt.

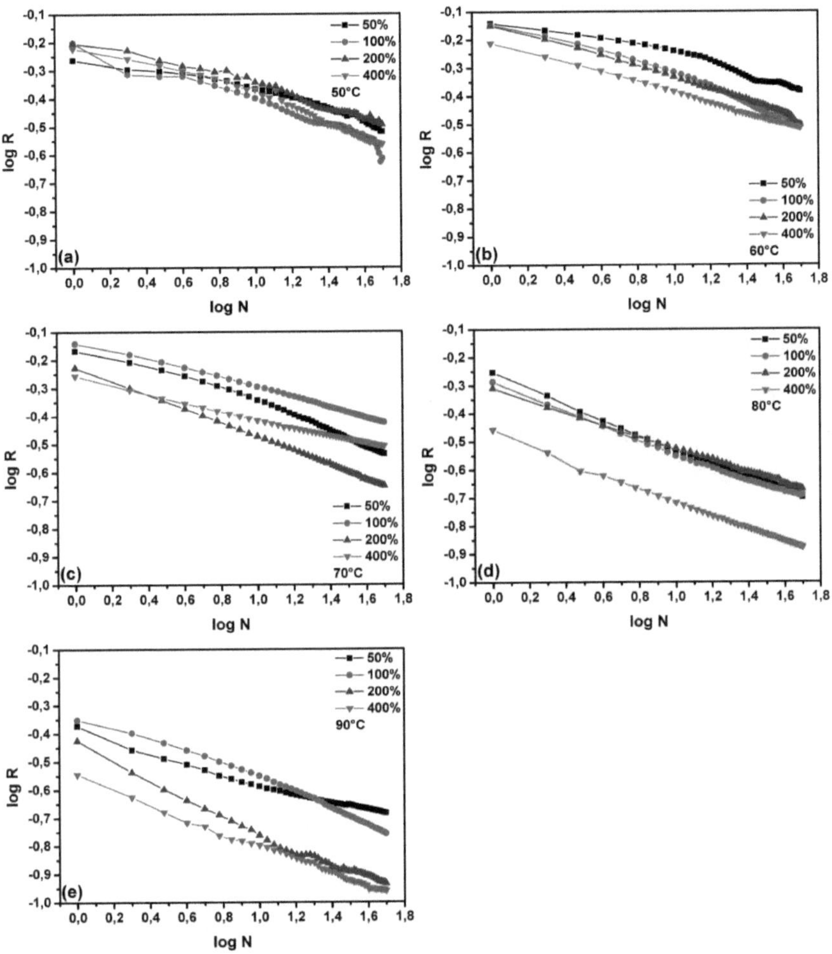

Abbildung 5-16: Rückverformung als Funktion der Zyklenzahl in doppellogarithmischer Auftragung für zyklische thermomechanische Versuche bei (a) 50°C, (b) 60°C, (c) 70°C, (d) 80°C und (e) 90°C.

Die Steigung β und der Schnittpunkt der Geraden mit der Y-Achse log A können aus den Abbildungen bestimmt werden. Die Abbildungen 5-17 (a) und (b) zeigen die Abhängigkeit der Geradensteigung β von der maximalen Dehnung und der Temperatur im zyklischen thermomechanischen Versuch. Die Abbildungen zeigen, dass für β keine erkennbare Abhängigkeit von der maximalen Belastung der TFX-Proben und von der Versuchstemperatur besteht. Die Geradensteigung β hat vielmehr einen durchschnittlichen Wert von 0,21 ± 0,07.

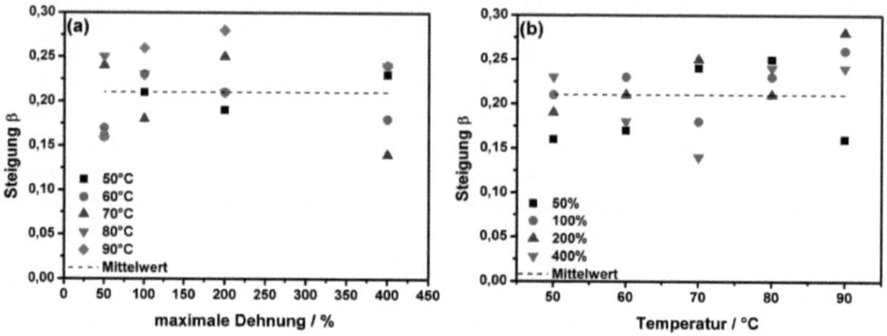

Abbildung 5-17: Darstellung der Geradensteigung β als Funktion der (a) maximalen Dehnung für alle Versuchstemperaturen und der (b) Versuchstemperatur für alle maximalen Dehnungen.

Durch die Auftragung der Formfixierungsdehnungen ε_{fix} und der irreversiblen Dehnungen ε_{irr} des ersten und 50. Zykluss der Versuchsreihe bei 60°C in Abhängigkeit von der maximalen Dehnung ε_{max} lässt sich die Formfixierung und Rückverformung spezifizieren (Abbildung 5-18).

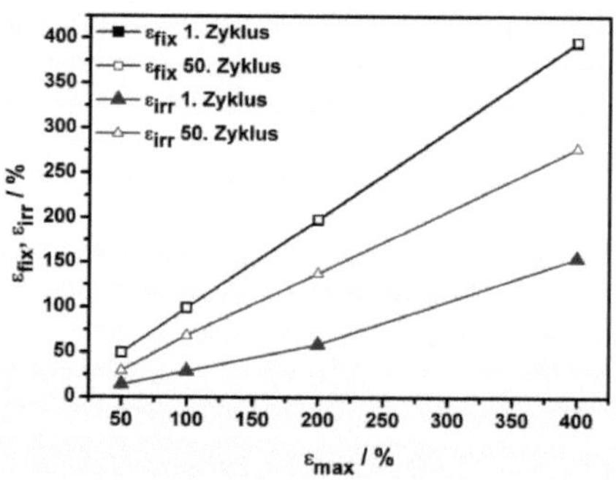

Abbildung 5-18: Darstellung der Formfixierungsdehnung ε_{fix} und der irreversiblen Dehnung ε_{irr} der Versuchsreihe bei 60°C in Abhängigkeit von der maximalen Dehnung ε_{max}.

Die Abbildung zeigt, dass sich ε_{fix} unter zyklischer Verformung nicht ändert und zudem annähernd die gleichen Werte wie ε_{max} aufweist. Hingegen steigt die irreversible Dehnung ε_{irr} mit steigender maximaler Dehnung ε_{max} und Zyklenzahl. Dies unterstreicht die Verschlechterung des Rückverformungsverhaltens von TFX bei hohen Dehnungen und vielen Zyklen.

Die Auftragung der Versuchsergebnisse der thermomechanischen Zyklierung in Dehnungs-Temperatur- und Spannungs-Temperatur-Kurven bietet die Möglichkeit einer weiteren analytischen Betrachtung der Ergebnisse. In Abbildung 5-19 sind beispielhaft die Ergebnisse der Versuche bei 60°C und einer maximalen Dehnung von 50°C (optimale Rückverformung) dargestellt.

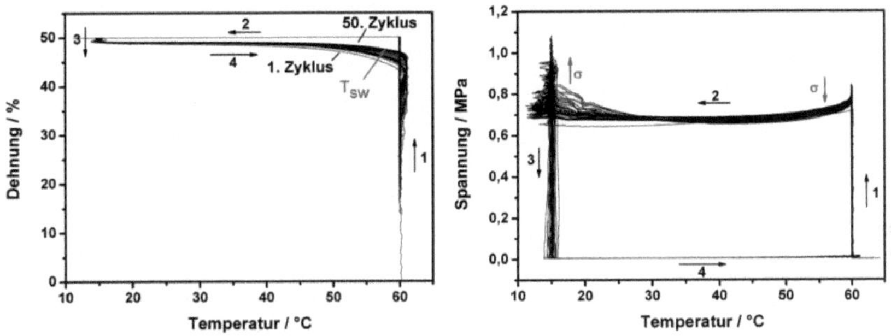

Abbildung 5-19: Dehnungs-Temperatur- und Spannungs-Temperatur-Kurven des zyklischen thermomechanischen Versuchs bei 60°C und 50% Dehnung.

Die Punkte 1 bis 4 entsprechen folgenden Versuchsschritten: 1) Dehnung auf ε_{max} bei T_{high}, 2) Abkühlung auf T_{low} unter Last, 3) Entlastung der Probe auf 0,2 N nach einer Haltezeit von drei Minuten und 4) Erwärmen der Probe bei 0,2 N auf T_{high} und Haltezeit von zehn Minuten. Die Auftragung der Dehnung über der Temperatur zeigt, dass in Versuchsschritt 4 eine Verschiebung der Kurve nach rechts mit steigender Zyklenzahl erfolgt. Das bedeutet, dass die Schalttemperatur von TFX im Verlauf der Zyklierung steigt. Während im ersten Zyklus die Rückverformung bei ca. 45°C einsetzt, beginnt sie im 50. Zyklus erst bei 50°C. Die Bestimmung von T_{sw} bei 80°C mit einer maximalen Dehnung von 50% erbrachte eine Temperatur von 55°C im ersten Zyklus (Abbildung 4-2). Dies zeigt, dass die Schalttemperatur T_{sw} sowohl eine Abhängigkeit von der Temperatur als auch von der Zyklenzahl zeigt und in jedem Fall experimentell bestimmt werden muss. Die Darstellung der Spannung über der Temperatur verdeutlicht zum einen die Spannungsrelaxation, die zwischen Versuchsschritt eins und zwei auftritt, um die maximale Dehnung konstant zu halten. Nach Erreichen der maximalen Dehnung ε_{max} bei T_{high} kann die Spannung relaxieren, bis beim Abkühlvorgang die Schalttemperatur T_{sw} unterschritten wird. Hingegen kommt es beim Abkühlvorgang unterhalb von 30°C zu Spannungserhöhungen, die aufgrund der thermischen Kontraktion auftreten. Da der Elastizitätsmodul unterhalb T_{sw} deutlich höher ist, tritt die Spannungserhöhung mit Erreichen von T_{low} auf.

Abbildung 5-20 zeigt die mit 50%, 100%, 200% und 400% Dehnung thermomechanisch zyklierten Proben.

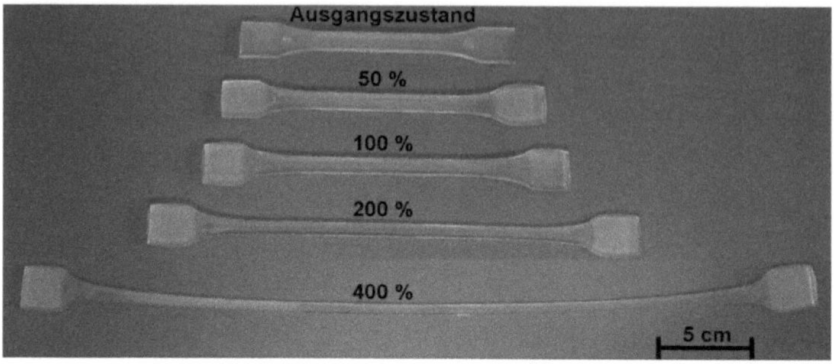

Abbildung 5-20: Abbildung von zyklisch thermomechanisch belasteten Proben.

An den bei 60°C thermomechanisch zyklierten Proben wurden REM-Aufnahmen durchgeführt. Hierbei wurde die Oberflächenstruktur der Proben im Vergleich zur Ausgangsprobe betrachtet. Abbildung 5-21 zeigt die Polymeroberflächen bei 35-facher Vergrößerung mit dem Sekundärelektronendetektor. Bereits die Ausgangsprobe (0%) zeigt keine glatte Oberfläche, sondern eine zeilige Struktur. Die Zeilen liegen parallel zur Einspritzrichtung des Polymers in das Werkzeug und damit unter 90° zur Belastungsrichtung der Probe bei der thermomechanischen Zyklierung. Eine mit 50% Dehnung belastete Probe zeigt keine Änderung in der Oberflächenstruktur im Vergleich zur Ausgangsprobe. Die um 100% gedehnte Probe zeigt hingegen das Oberflächenrelief der Referenzprobe nicht. Es ist zwar ebenso eine Zeiligkeit in gleicher Richtung zu erkennen, jedoch ohne die wellige Ausprägung. Die Oberfläche der mit 200% gedehnten Probe zeigt erneut die zeilige Oberflächenstruktur, jedoch unterscheidet sich deren Ausprägung in der Intensität nicht von der Referenzprobe. Gleiches gilt auch für die mit 400% gedehnte Probe. Daher können anhand der Oberflächenstrukturierung der thermomechanisch zyklierten Proben keine Rückschlüsse auf eine strukturelle Änderung des Polymers durch die thermische und mechanische Belastung gezogen werden. Vielmehr handelt es sich bei der zeiligen Struktur um herstellungsbedingte Erscheinungen.

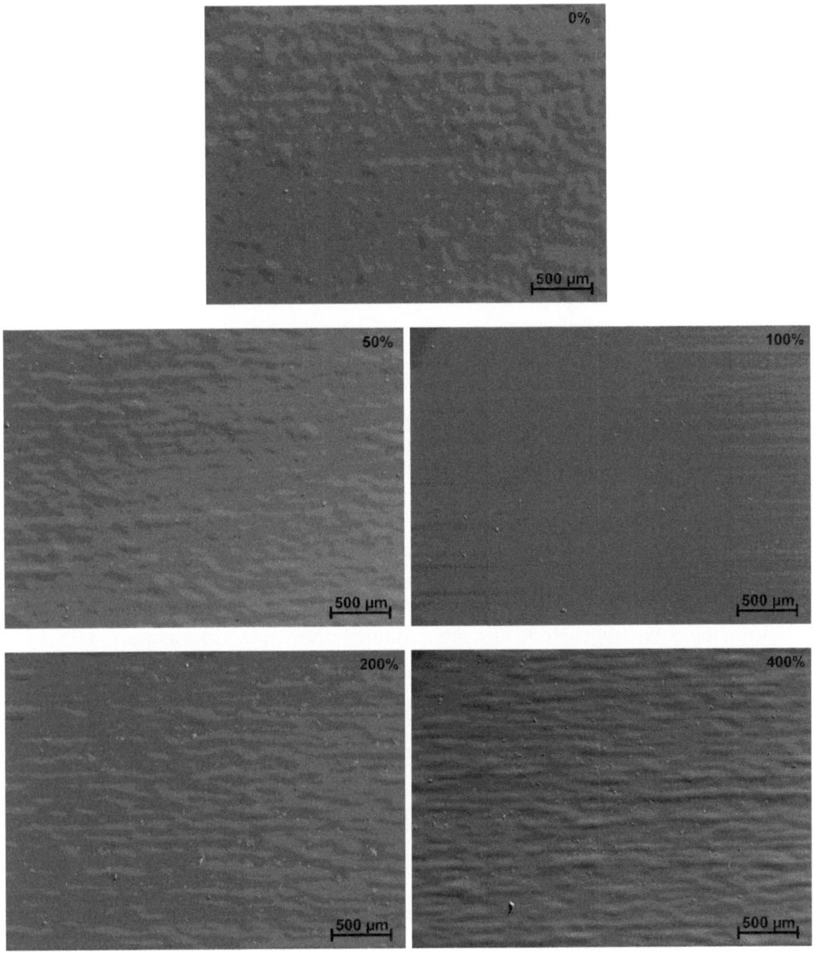

Abbildung 5-21: REM-Aufnahmen an thermomechanisch zyklierten TFX-Proben, die mit 50%, 100%, 200% und 400% gedehnt wurden.

5.3 Fourier Transformation Infrarot Spektroskopie

In Abbildung 5-22 wird ein IR-Absorbanzspektrum einer spritzgegossenen, unverformten Tecoflex® Probe dargestellt.

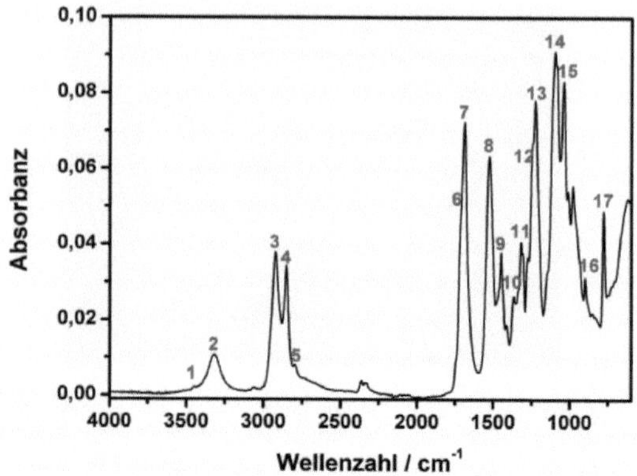

Abbildung 5-22: FTIR Spektrum des FGP Tecoflex®. Rote Zahlen beziehen sich auf die Absorptionswellenzahlen, die in Tabelle erläutert werden.

Im Bereich von 3200 bis 3500 cm^{-1} liegen die N-H Streckschwingungen und im Bereich von 1620 bis 1760 cm^{-1} die Carbonyl (C=O)-Streckschwingungen. Das Vorkommen dieser beiden Verbindungen deutet darauf hin, dass vor allem Wasserstoffbindungen eine wichtige Rolle für die Eigenschaften des Copolymers TFX spielen [103,104], da Donatorgruppen (NH des Urethans) und Akzeptorgruppen (C=O und C-O-C des Urethans, C-O-C des PTMG) auftreten, die zu unterschiedlichen Arten von Wasserstoffbindungen zwischen den Hartsegmenten sowie zwischen Hartsegmenten und Weichsegmenten führen. Strukturell führt das zu Mikrodomänen der Hartsegmente in einer Weichsegment-Matrix [105-108]. Für die N-H Streckschwingung (3447 cm^{-1}) und die C=O Streckschwingung (1688 cm^{-1}) treten jeweils freie, H-gebundene Streckschwingungen (3317, 1688 cm^{-1}) auf [108]. Ein weiterer wichtiger charakteristischer Bereich liegt zwischen 2800 und 3000 cm^{-1}, der für die symmetrischen und antisymmetrischen C-H Streckschwingungen der aliphatischen CH_2-Gruppen steht.

Die Zuordnung der charakteristischen Absorptionsbande ist in Tabelle 5-7 aufgelistet.

Tabelle 5-7: Auflistung der wichtigsten FTIR Absorptionsbande des FGP Tecoflex® [109].

Ref.	Wellenzahl / cm^{-1}	Zuordnung
1	3447	freie NH Streckschwingung
2	3317	H-gebundene NH Streckschwingung
3	2922	Antisym. ν CH_2 Streckschwingung (Polyether) + antisym. CH_2 Streckschwingung (Cyclohexan)
4	2851	Antisym. ν CH_2 Streckschwingung (Polyether) + sym. ν CH_2 Streckschwingung (Polyether) + sym. CH_2 Streckschwingung (Cyclohexan)
5	2797	Sym. ν CH_2 Streckschwingung (Polyether)
6	1700	Freie C=O Streckschwingung (Amid I)
7	1688	H-gebundene C=O Streckschwingung (Amid I)
8	1525	C-N Streck- + N-H Beugeschwingung (Amid II)
9	1448	CH_2 Beugeschwingung
10	1365	CH_2 Kippschwingung
11	1318 1271	C-C Streckschwingung (Cyclohexan) CH_2 Beuge- + Kippschwingung
12	1245	CH_2 Kippschwingung
13	1226	C-N Streckschwingung (Amid III)
14	1097	Antisym. C-O-C Streckschwingung (Polyether)
15	1040	Antisym. C-O-C Streckschwingung (Urethan)
16	899	Antisym. Ring-Streckschwingung (Cyclohexan)
17	778	Cyclohexan Ringschwingung

Die IR-Spektren unterschiedlicher zyklischer thermomechanischer Versuche sind in den Abbildungen 5-23 (a) und (b) dargestellt.

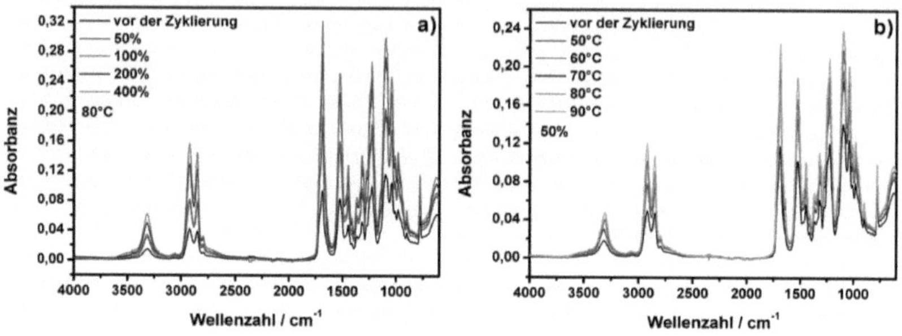

Abbildung 5-23: Darstellung der IR-Spektren (a) bei konstanter Temperatur von 80°C bei unterschiedlichen ε_{max} und (b) bei konstantem ε_{max} von 50% bei unterschiedlichen Temperaturen, jeweils im lastfreien Zustand nach dem Zyklieren.

In (a) werden die Spektren für Versuche mit unterschiedlichen maximalen Dehnungen ε_{max} bei einer Versuchstemperatur von 80°C dargestellt. Die Ergebnisse zeigen, dass die Bandenfläche aller charakteristischen Peaks mit steigender maximaler Dehnung ε_{max} zunimmt. Die Intensität der Peaks nimmt von der Ausgangsprobe bis hin zur maximalen Dehnung von 400% zu. Jedoch tritt keine Verschiebung der Peakwellenzahlen auf, die auf eine strukturelle Änderung des Materials hindeuten würden. In (b) werden die Spektren für Versuche bei unterschiedlichen Temperaturen und konstanter maximaler Dehnung ε_{max} von 50% dargestellt. Die Ergebnisse zeigen, dass die Bandenfläche der charakteristischen Peaks mit steigender Temperatur zunimmt. So steigt die Intensität der Peaks vom Ausgangszustand über 70°C, 60°C, 80°C und 50°C auf 90°C an. Auch hier tritt keine Verschiebung der Peakwellenzahl auf. Da keine Peakverschiebungen im Bereich der NH Streckschwingungen (Peak Nr. 1 und 2) und / oder im Bereich der C=O Streckschwingungen (Peak Nr. 6 und 7) bei zunehmender Dehnung oder Temperatur auftreten, kann zusammenfassend angenommen werden, dass sich das physiko-mechanische Verhalten von TFX durch die zyklischen thermomechanischen Versuche nicht ändert.

5.4 FGL / FGP Verbunde

Abbildung 5-24 zeigt die hergestellten Verbundproben aus NiTi-Band mit unterschiedlichen Oberflächenvorbehandlungen, eingebettet in das Formgedächtnispolymer TFX.

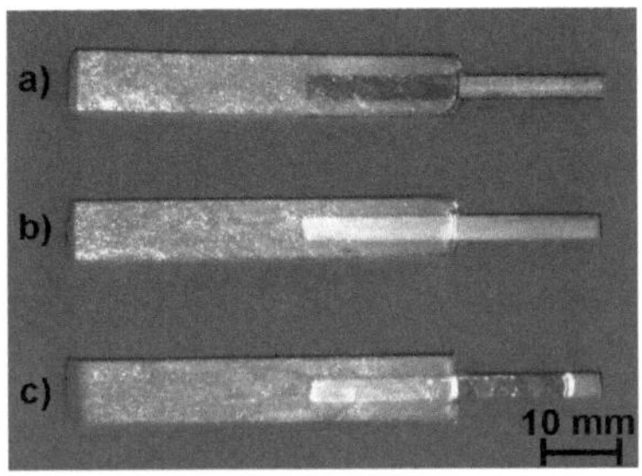

Abbildung 5-24: Verbundproben mit oberflächenvorbehandelten NiTi-Proben: a) unbehandelt mit Oxidschicht, b) mit 1000er Körnung geschliffen und c) elektropoliert.

Als Referenz für die Pull-Out Tests zeigt Abbildung 5-25 das Ergebnis eines Zugversuchs an dem für die Verbunde verwendeten NiTi-Band. Der Kurvenverlauf des Zugversuchs zeigt das charakteristische Plateau bei einer Kraft von ca. 700 N (σ = 323 MPa) und einem Weg von 0,5 mm.

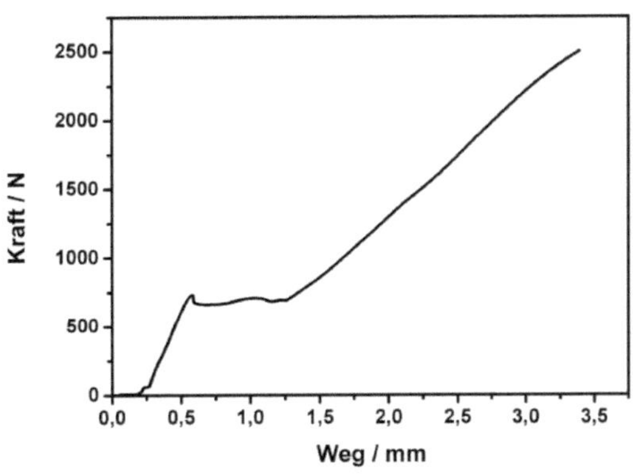

Abbildung 5-25: Zugversuch an NiTi-Band als Referenz zu den Pull-Out Tests.

Erste Pull-Out Tests wurden an Verbundproben mit unbehandeltem, geschliffenem und elektropoliertem NiTi-Band, jedoch ohne weitere Silanbehandlung, getestet. Abbildung 5-26 (a) zeigt die Ergebnisse für Raumtemperaturversuche. Vergleicht man den Kurvenverlauf mit der Zugkurve von NiTi (Abbildung 5-25), so ist erkennbar, dass auch beim Pull-Out Test das charakteristische Plateau des NiTi-Bandes, allerdings hier bei ca. 1000 N und 2 mm Weg erreicht wird. Während die Verbunde aus unbehandeltem und geschliffenem NiTi kurz darauf versagen, ist die weitere Belastung der Verbundprobe mit elektropoliertem NiTi bis auf eine Maximalkraft von 1150 N und einem Weg von 6 mm möglich.

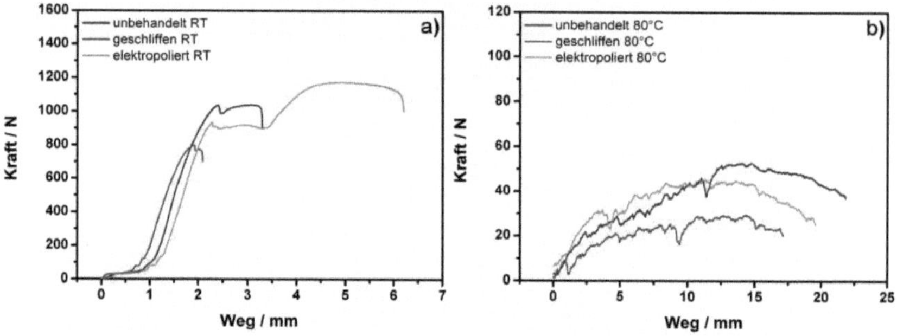

Abbildung 5-26: Ergebnisse der Pull-Out Tests an Verbundproben mit unbehandeltem, geschliffenem und elektropoliertem NiTi-Band ohne Silanbehandlung: (a) bei RT, (b) bei 80°C.

Danach rutscht das NiTi-Band unter geringen Reibungskräften aus dem Polymer heraus. Eine Untersuchung der NiTi-Oberfläche zeigt keine anhaftenden Polymerreste. Abbildung 5-26 (b) zeigt die Ergebnisse für Pull-Out Versuche bei 80°C ohne Silan. Es wird deutlich, dass wesentlich geringere Auszugskräfte (20 bis 50 N) auftreten als bei RT-Versuchen. Zudem wird das Plateau der NiTi-Legierung nicht erreicht. Eine Betrachtung der Verbundproben nach den Pull-Out Tests zeigt, dass die Polymermasse an der NiTi-Oberfläche haften bleibt und der Verbund kohäsiv versagt.

Am Beispiel der elektropolierten Probe lässt sich zeigen, dass beide Modelle (Gl. 4-3 und 4-6) zur Berechnung der Haftfestigkeit zu nahezu identischen Ergebnissen führen. Die maximale Auszugskraft $F_{a,max}$ beträgt 1173,23 N und die eingebettete NiTi-Oberfläche A_g beträgt 158,4 mm^2. Daraus ergibt sich die Verbundfestigkeit nach Gl. 4-3 zu $\sigma_V = \frac{1173{,}23\text{N}}{158{,}4\text{mm}^2} = 7{,}41\text{MPa}$.

Für die Berechnung der Scherfestigkeit nach Greszczuk muss zunächst der Faktor α mit dem Schermodul G_m = 1,34 MPa, dem quadrierten Faserradius r_f^2 = 10,89 mm^2, E-Modul von NiTi im Austenit E_f = 75000 MPa und den Radien R = 8 mm und r_f = 3,3 mm berechnet werden:

$$\alpha = \left(\frac{2 \cdot 1{,}34\text{MPa}}{10{,}89\text{mm}^2 \cdot 75000\text{MPa} \cdot \ln\left(\frac{8\text{mm}}{2 \cdot 3{,}3\text{mm}}\right)} \right)^{1/2} = 0{,}00413\text{mm}^{-1}.$$

Daraus ergibt sich mit der eingebetteten Probenlänge l_e = 20 mm für die Scherfestigkeit:

$$\tau_d = \frac{1173{,}23\text{N}}{2 \cdot \pi \cdot 3{,}3\text{mm}} \cdot 0{,}00413\text{mm}^{-1} \cdot \coth\left(20\text{mm} \cdot 0{,}00413\text{mm}^{-1}\right) = 7{,}42\text{MPa}.$$

In beiden Berechnungen ergibt sich eine Verbundfestigkeit von 7,4 MPa, so dass für alle weiteren Versuche nur die über Gleichung 4-3 berechneten Haftfestigkeiten angegeben werden können. Die Ergebnisse werden abschließend in Tabelle 5-8 zusammengefasst.

Abbildungen 5-27 (a) und (b) zeigen die Ergebnisse für NiTi/TFX-Verbunde, die mit einer 1%igen Lösung des Silans AMEO behandelt wurden. Die RT-Versuche (a) zeigen im Vergleich zu den Versuchen ohne Silanbehandlung keine signifikanten Verbesserungen der Eigenschaften. Es zeigt sich erneut, dass Verbunde mit elektropoliertem NiTi mit $F_{a,max}$ = 1181 N die höchste Auszugskraft aufweisen, gefolgt von unbehandeltem und geschliffenem NiTi. Bei den Versuchen bei 80°C (b) zeigt sich hier jedoch eine Verbesserung der Auszugskraft. Während ohne Silanbehandlung Maximalkräfte von ca. 50 N erzielt wurden, erreicht eine geschliffene NiTi-Verbundprobe mit 1%iger AMEO-Lösung 113 N und eine elektropolierte NiTi-Verbundprobe 69 N. Durch die Silanbehandlung mit der 1%igen AMEO-Lösung kann somit die Haftfestigkeit nur zwischen geschliffenem und elektropoliertem NiTi und TFX bei Belastungen unter 80°C verbessert werden.

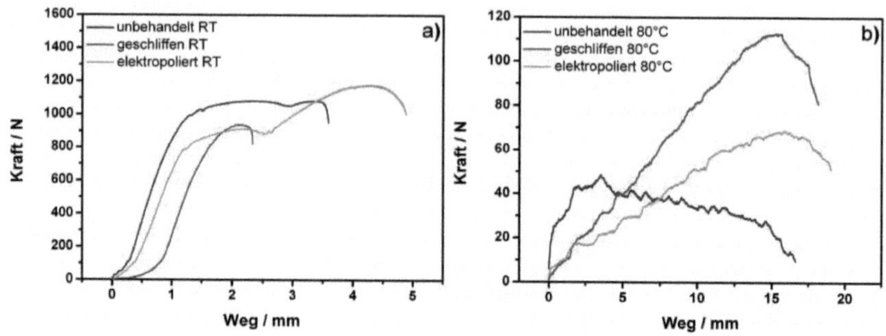

Abbildung 5-27: Ergebnisse der Pull-Out Tests an Verbundproben mit unbehandeltem, geschliffenem und elektropoliertem NiTi-Band mit AMEO 1% Silanbehandlung: (a) bei RT, (b) bei 80°C.

Die Ergebnisse der Pull-Out Versuche an Proben mit einer 3%igen AMEO-Lösung sind in den Abbildungen 5-28 (a) und (b) dargestellt. Es zeigt sich bei den RT-Versuchen (a) eine Verbesserung der Haftfestigkeit für alle drei Versuchsvarianten. Die höchste Auszugskraft $F_{a,max}$ zeigt erneut der Verbund aus elektropoliertem, silanbehandeltem NiTi und TFX mit 1331 N. Das Erreichen des charakteristischen Plateaus um 900 N ist auch hier zu erkennen. Bei den Verbundproben mit geschliffenem und unbehandeltem NiTi lässt sich im Vergleich zu den Referenzwerten ebenfalls eine Erhöhung der Auszugskraft erkennen.

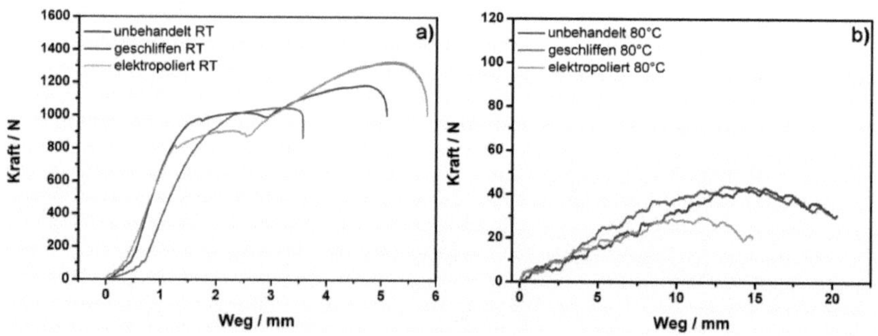

Abbildung 5-28: Ergebnisse der Pull-Out Tests an Verbundproben mit unbehandeltem, geschliffenem und elektropoliertem NiTi-Band mit AMEO 3% Silanbehandlung: (a) bei RT, (b) bei 80°C.

Die Silanbehandlung zeigt jedoch bei den 80°C-Versuchen (b) keinerlei Einfluss auf die Haftfestigkeit. Mit einer maximalen Auszugskraft von 44 N zeigen Verbundproben mit geschliffenem und unbehandeltem NiTi-Band im Vergleich zum unbehandelten Zustand keine verbesserte Verbundfestigkeit.

Abbildungen 5-29 (a) und (b) zeigen die Ergebnisse zu den Proben, die mit einer 5%igen Lösung des Silans AMEO behandelt wurden. Bei den RT-Versuchen kann mit unbehandelten und elektropolierten NiTi-Proben eine maximale Auszugskraft von 1281 N bzw. 1268 N erzielt werden. Somit kann mit der 5%igen AMEO-Lösung bisher die beste Verbundfestigkeit für Verbunde mit unbehandeltem NiTi-Band beobachtet werden. Die Verbundfestigkeit der elektropolierten Verbundprobe liegt unter derjenigen nach Behandlung mit 3%iger AMEO-Lösung mit 1331 N.

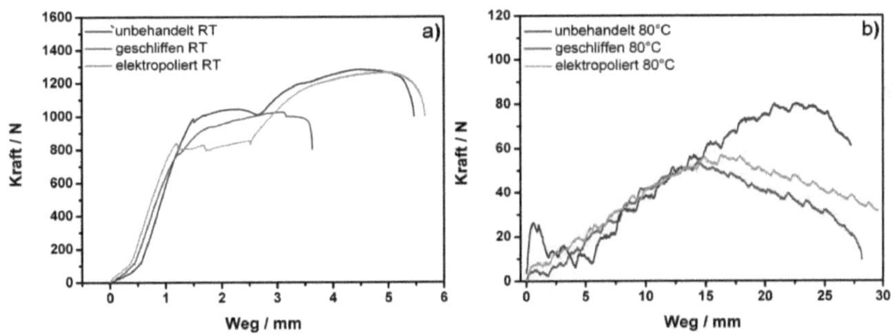

Abbildung 5-29: Ergebnisse der Pull-Out Tests an Verbundproben mit unbehandeltem, geschliffenem und elektropoliertem NiTi-Band mit AMEO 5% Silanbehandlung: (a) bei RT, (b) bei 80°C.

Bei den bis 80°C-Versuchen zeigen die Verbundproben mit unbehandeltem NiTi-Band und Silanbehandlung ebenfalls ein gutes Ergebnis mit einer maximalen Auszugskraft von 80 N. Allerdings zeigten zuvor bereits geschliffene NiTi-Proben nach Behandlung mit einer 1%igen AMEO-Lösung Auszugskräfte von 113 N. Abschließend zeigen die Abbildungen 5-30 (a) und (b) die Ergebnisse für die Verbundfestigkeit nach Behandlung mit einer 1%igen Lösung des Silans BIS. Mit dieser Silanlösung konnten im Falle von NiTi/PA6-Verbunden die besten Haftfestigkeiten erzielt werden. Auch bei NiTi/TFX-Verbunden wurde im RT-Versuch eine maximale Auszugskraft von 1536 N mit einem elektropolierten NiTi-Band erreicht. Dies ist die beste Verbundfestigkeit, die bei den durchgeführten Untersuchungen bei Raumtemperatur mit einem NiTi/TFX-Verbund erhalten werden konnte. Bei den 80°C-Versuchen zeigte ein Verbund aus unbehandelter NiTi-Probe das beste Ergebnis mit einer Auszugskraft von 95 N. Die Ergebnisse mit geschliffenem und elektropoliertem NiTi-Band sind hingegen nur durchschnittlich mit ca. 50 N.

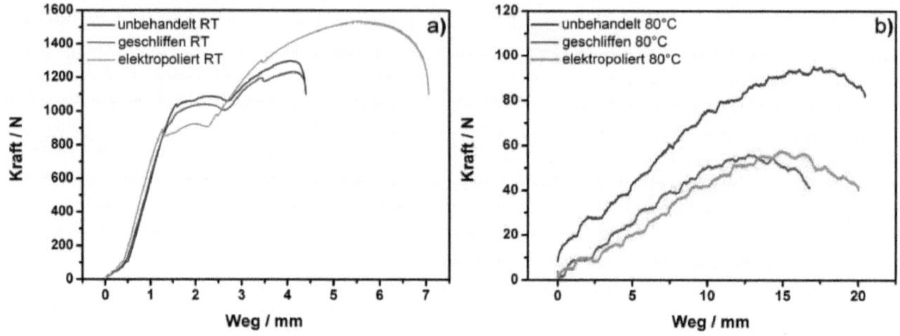

Abbildung 5-30: Ergebnisse der Pull-Out Tests an Verbundproben mit unbehandeltem, geschliffenem und elektropoliertem NiTi-Band mit BIS 1% Silanbehandlung: (a) bei RT, (b) bei 80°C.

Alle Ergebnisse der Pull-Out Versuche an NiTi/TFX-Verbunden mit unterschiedlichen Silan- und Oberflächenvorbehandlungen des NiTi-Bandes sind in Tabelle 5-8 zusammengefasst.

Tabelle 5-8: Haftfestigkeiten der NiTi/TFX-Verbunde in MPa.

NiTi-Behandl.	ohne Silan		AMEO 1%		AMEO 3%		AMEO 5%		Bis 1%	
	RT	80°C	RT	80°C	RT	80°C	RT	80°C	RT	80°C
unbeh.	6,5	0,3	6,8	0,3	7,5	0,3	8,1	0,5	8,2	0,6
geschl.	5,0	0,2	5,9	0,7	6,6	0,3	6,5	0,3	7,8	0,4
epol.	7,4	0,3	7,5	0,4	8,4	0,2	8,0	0,4	9,7	0,4

Aufgeführt sind hier die berechneten Haftfestigkeiten nach Gl. 4-3. Gelb markiert sind jeweils die besten Verbundfestigkeiten der Kombination aus einer Oberflächenvorbehandlung und einer Silanbehandlung bei Raumtemperatur und 80°C, wobei die beste Kombination bei RT und 80°C nochmal rot umrandet hervorgehoben wird. Die besten RT-Ergebnisse ergeben sich jeweils für Verbunde, die neben der Oberflächenvorbehandlung eine Behandlung mit der 1%igen Lösung des Silans BIS erhielten, während diese Kombination bei 80°C-Versuchen nur im Falle unbehandelter NiTi-Proben die beste Verbundfestigkeit zeigte. Für geschliffene und elektropolierte NiTi-Proben erweist sich die Behandlung mit der 1%igen AMEO-Lösung als beste Kombination für maximale Verbundfestigkeit bei 80°C. Die Untersuchung der Proben nach den Pull-Out Tests zeigt, dass das NiTi-Band bei den RT-Versuchen einfach aus der Polymermatrix herausrutscht ohne sie zu verformen oder ohne dass Polymerrückstände auf der NiTi-Oberfläche haften bleiben (Abbildung 5-31 (a)). Dies deutet darauf hin, dass mit den bisher getesteten Haftvermittlern noch nicht die maximale Haftfestigkeit an der Grenzfläche NiTi/Polymer hergestellt werden konnte, da in letzterem Fall ein Anhaften von Polymerresten an der NiTi-Oberfläche zu erwarten ist. Bei den bis 80°C-Versuchen kommt es allerdings zu einer starken Verformung der Polymermatrix auf der Probenseite, die gegen den Anschlag fixiert wird (Abbildung 5-31 (b)). Zudem findet das Versagen nicht an der Grenzfläche NiTi/TFX statt, sondern das Polymer bleibt an der NiTi-Oberfläche haften und fließt so aus der Polymermatrix heraus.

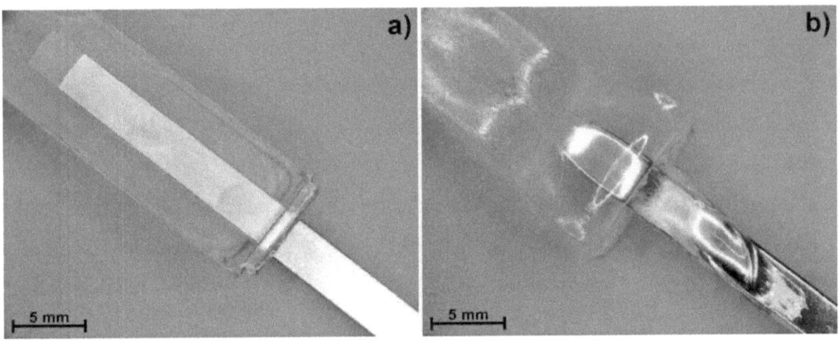

Abbildung 5-31: Makroskopische Aufnahmen der Verbundproben nach den Pull-Out Versuchen bei (a) RT und (b) 80°C.

6 Diskussion

6.1 Formgedächtnispolymer Tecoflex EG-72 D

Viskoelastisches Materialverhalten / Spannungsrelaxation: Das Formgedächtnispolymer TFX zählt als Polymer zu den viskoelastischen Materialien. Mithilfe von Kriech- und Spannungsrelaxationsversuchen kann das viskoelastische Verhalten genauer charakterisiert werden [110]. Materialien mit viskoelastischem Verhalten zeigen sowohl die Eigenschaften idealer Feststoffe als auch idealer Flüssigkeiten. Im Kriechversuch, in dem die Probe einer konstanten Belastung ausgesetzt und die Dehnung als Funktion der Zeit beobachtet wird, zeigen viskoelastische Materialien beim Aufbringen der Spannung zunächst ein elastisches Materialverhalten, wie es bei ideal elastischen Feststoffen zu erwarten ist. Daran schließt sich ein nichtlinearer Anstieg der Dehnung an, der in einen linearen, gleichgewichtsnahen Anstieg übergeht, was als viskoses Fließen bezeichnet wird. Dies entspricht dem Verhalten idealer Flüssigkeiten, die eine kontinuierlich steigende Dehnung umgekehrt proportional zur Viskosität zeigen. Die zeitabhängige Dehnung im Kriechversuch lässt sich durch

$$J(t) = \frac{\varepsilon(t)}{\sigma} \qquad \textbf{Gl. 6-1}$$

ausdrücken. Abbildung 6-1 zeigt eine schematische Darstellung der Kriechfunktion bei amorphen Polymeren als Funktion der Zeit im Kriechversuch. Es zeigen sich vier charakteristische Bereiche. Bei kurzen Dehnungszeiten zeigt das Material nur geringe Nachgiebigkeiten. Es werden lediglich van der Waals-Bindungen und Valenzbindungen verzerrt. Das Material zeigt sich glasartig. An diesen Bereich schließt sich ein Erweichungsgebiet an, in dem die Nachgiebigkeit des Materials um das 100- bis 10.000-fache ansteigen kann. Auf molekularer Ebene kommt es in diesem Bereich zu einer Entknäuelung und Orientierung der Fadenmoleküle. Daran schließt sich der gummi-elastische Bereich an, in dem die Kriechfunktion wieder annähernd horizontal verläuft. Für amorphe, vernetzte Polymere tritt mit fortschreitender Zeit keine weitere Änderung im Verlauf der Kriechfunktion auf und der erreichte Wert kann für sehr lange Zeiten als Grenzwert der Kriechkurve angenommen werden. Hingegen schließt sich für amorphe, unvernetzte Polymere ein Bereich des Fließens an, in dem die Nachgiebigkeit wieder stärker ansteigt, da sich Verschlaufungen der Polymerketten lösen können und relativ zueinander abgleiten [111].

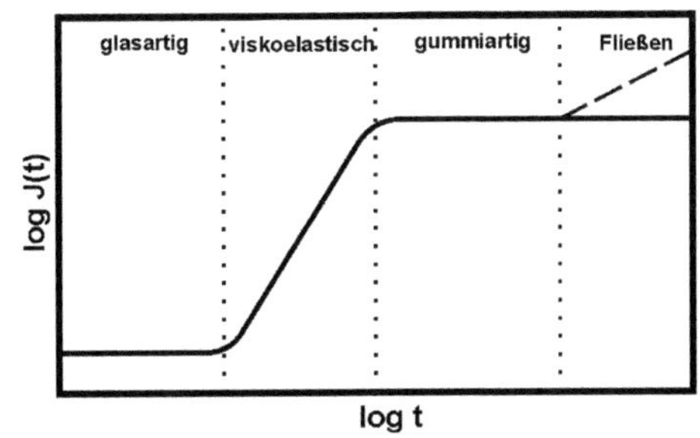

Abbildung 6-1: Schematische Darstellung der Kriechfunktion J als Funktion der Zeit in doppeltlogarithmischer Auftragung für amorphe, vernetzte Polymere (Volllinie) und amorphe, unvernetzte Polymere (Strichlinie) bei konstanter Temperatur T.

Bei Entlastung des Materials ist zunächst eine elastische Rückverformung des Materials zu erwarten, gefolgt von einer verzögerten Rückverformung. Es findet jedoch keine vollständige Rückstellung statt. Die Größe der bleibenden Dehnung ist hierbei abhängig von der Belastungsdauer. Die Kriechversuche an TFX (Abbildung 5-7) bei 60°C zeigen den typischen Verlauf viskoelastischer Materialien. Nach Erreichen des Belastungspunktes zeigt sich zunächst ein elastisches Materialverhalten, das nach ca. 3,5 Minuten (200 Sekunden) in einen nichtlinearen Anstieg übergeht. Es folgt ein linearer, gleichgewichtsnaher Anstieg der Dehnung, der für alle Belastungsstufen parallel verläuft. Abbildung 6-2 zeigt die logarithmierten Kriechfunktionen über der logarithmierten Zeit für die Kriechversuche bei 60°C.

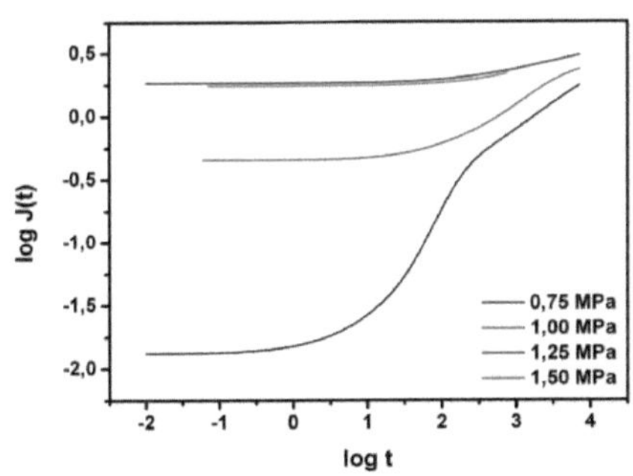

Abbildung 6-2: Kriechfunktionen J der Kriechversuche bei 60°C als Funktion der Zeit in doppeltlogarithmischer Darstellung.

Bis zu 60°C werden die TFX-Proben auch im zyklischen thermomechanischen Versuch verformt. Die Auftragung zeigt, dass der Kriechprozess bei Belastungen von 1

MPa bis 1,5 MPa erst nach 10 Sekunden einsetzt, während er bei einer Belastung von 0,75 MPa bereits nach einer Sekunde startet. Jedoch tritt im Verlauf der thermomechanischen Zyklen die Belastungsart des Kriechversuches nicht auf, wodurch anhand der Kriechversuchsdaten keine Rückschlüsse auf das Rückverformungsverhalten von TFX gezogen werden können. Hierfür ist eine Betrachtung des Materialverhaltens bei Spannungsrelaxationsversuchen notwendig.

Beim Spannungsrelaxationsversuch wird die Probe einer konstanten Dehnung ausgesetzt und die resultierende Spannung als Funktion der Zeit beobachtet. Dabei reagiert ein viskoelastisches Material mit einer Spannung, die mit der Zeit abfällt. Während ein ideal elastischer Festkörper eine mit der Zeit konstante Spannung zeigen würde, antwortet eine ideale Flüssigkeit mit einem sofortigen Abfall der Spannung auf null. Die Spannungsrelaxation wird üblicherweise mit dem zeitabhängigen Relaxationsmodul

$$E(t) = \frac{\sigma(t)}{\varepsilon} \qquad \textbf{Gl. 6-2}$$

beschrieben. Abbildung 6-3 zeigt eine schematische Darstellung des Relaxationsmodul bei amorphen Polymeren als Funktion der Zeit.

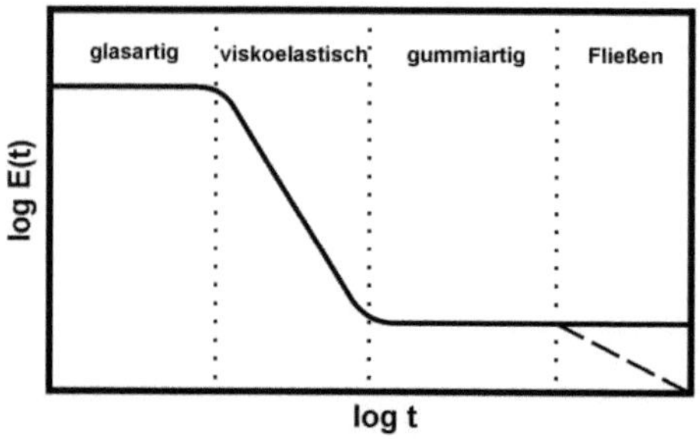

Abbildung 6-3: Schematische Darstellung des Spannungsrelaxationsmodul E als Funktion der Zeit in doppeltlogarithmischer Auftragung für amorphe, vernetzte Polymere (Volllinie) und amorphe, unvernetzte Polymere (Strichlinie) bei konstanter Temperatur T.

Die Spannungsrelaxationskurve verläuft komplementär zur Kriechkurve in Abbildung 6-1. Eine Änderung der Nachgiebigkeit des Materials entspricht auch einer Änderung im Relaxationsverhalten. Im Falle der Relaxation zeigt das Material bei kurzen Belastungszeiten ein glasartiges Materialverhalten, bei dem keine Moduländerung auftritt. Im nachfolgenden viskoelastischen Bereich nimmt der Logarithmus des Moduls nahezu linear mit dem Logarithmus der Zeit ab. Es folgt der gummiartige Bereich, in dem der Modul wieder horizontal verläuft. Für amorphe, vernetzte Polymere tritt mit fortschreitender Zeit keine weitere Änderung im Verlauf des Relaxationsmodulus auf. Hingegen schließt sich für amorphe, unvernetzte Polymere ein Bereich des Fließens an, in dem der Relaxationsmodul weiter abnimmt [111].

Die Ergebnisse der Spannungsrelaxationsversuche an TFX bei 60°C (Abbildung) zeigen einen zunächst steilen Abfall der Spannung mit der Zeit, der nach ca. 15 Minuten (900 Sekunden) abschwächt und linear, gleichgewichtsnah weiter verläuft. Trägt man für diese Versuche den logarithmierten Relaxationsmodulus über die logarithmierte Zeit auf, so erhält man die Ergebnisse in Abbildung 6-4. Im Vergleich zu Abbildung 6-3 treten bei den Versuchen nur zwei charakteristische Bereiche auf. Es zeigt sich zunächst ein weit ausgedehnter glasartiger Bereich, in dem es zu keiner Moduländerung kommt. Der Erweichungsbereich setzt erst ab ca. 30 Sekunden (log t = 1,48) Belastungsdauer ein. Der gummi-elastische und Fließbereich wurden innerhalb von 8000 Sekunden Belastungsdauer nicht erreicht. Diese Darstellung zeigt, dass TFX bei 60°C und Verformungen zwischen 50% und 400% bis zu 30 Sekunden belastet werden kann, ohne dass eine Moduländerung und somit eine Spannungsrelaxation einsetzt.

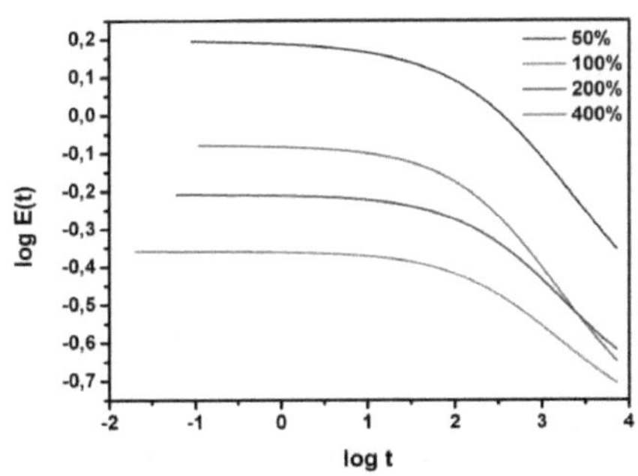

Abbildung 6-4: Relaxationsmoduln E der Relaxationsversuche bei 60°C als Funktion der Zeit in doppeltlogarithmischer Darstellung.

Bei den an TFX durchgeführten zyklischen thermomechanischen Versuchen tritt nach dem Dehnungsvorgang auf ε_{max} ein Zustand auf, der eine Spannungsrelaxation im Material hervorrufen kann. Abbildung 6-5 zeigt den Spannungs- und Temperatur-Zeit-Verlauf der ersten und letzten drei Zyklen eines zyklischen thermomechanischen Versuchs bis 80°C mit einer maximalen Dehnung von 50%.

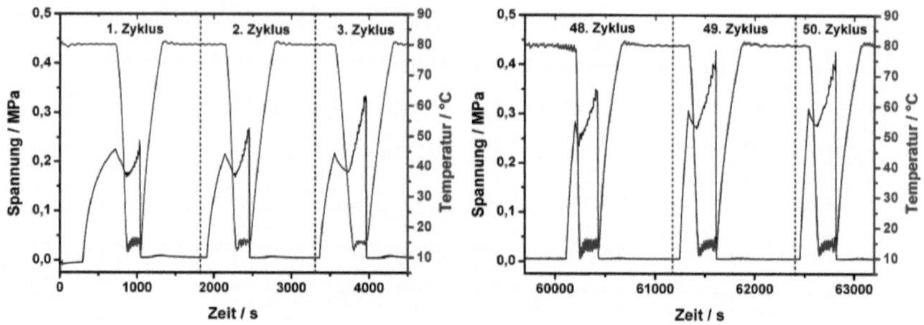

Abbildung 6-5: Spannungs- und Temperatur-Zeit-Verlauf der ersten und letzten drei Zyklen eines thermomechanischen Versuches bei 80°C und 50% Dehnung.

Der Verlauf der Spannung (schwarz) zeigt, dass nach der Dehnung der Probe (Spannungsanstieg) eine Spannungsrelaxation einsetzt. Die Spannungsrelaxation kann solange stattfinden, bis beim Abkühlvorgang die Schalttemperatur T_{sw} erreicht und die momentane Verformung eingefroren wird. Durch die Versteifung des Materials beim Unterschreiten von T_{sw} tritt wiederum eine Spannungserhöhung auf. Im ersten Zyklus erfolgt eine Spannungsrelaxation von 0,23 MPa auf 0,17 MPa innerhalb von 2,5 Minuten. Diese Spannungsdifferenz von 0,06 MPa entspricht 26% der Spannung, die für die Verformung des Materials aufgewendet werden muss. In den folgenden Zyklen verringert sich die relaxierte Spannungsdifferenz auf ca. 0,04 MPa. Die Betrachtung der letzten drei Zyklen des Versuchs zeigt, dass sich die relaxierte Spannung im Verlauf des Versuchs weiter auf ca. 0,035 MPa reduziert hat, wobei jedoch die zur Verformung benötigte Spannung angestiegen ist.

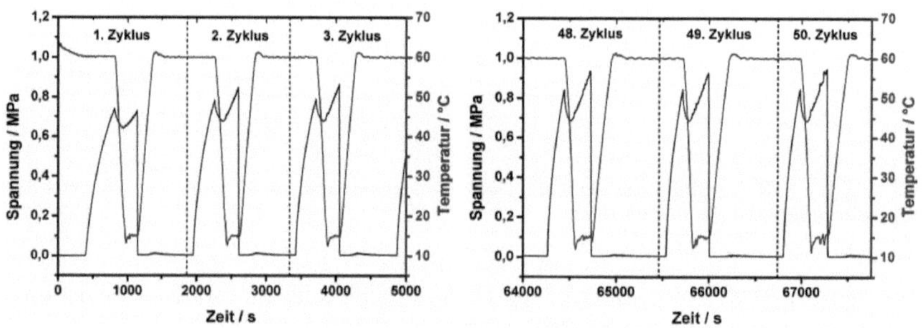

Abbildung 6-6: Spannungs- und Temperatur-Zeit-Verlauf der ersten und letzten drei Zyklen eines thermomechanischen Versuches 60°C und 50% Dehnung.

Im Vergleich dazu zeigt Abbildung 6-6 den Spannungs- und Temperatur-Zeit-Verlauf der ersten und letzten drei Zyklen eines zyklischen thermomechanischen Versuches bis 60°C und 50% Dehnung. Dieser Versuch zeigte die besten Ergebnisse für die Rückverformung von TFX. Im ersten Zyklus relaxiert die Spannung nach der Verformung von 0,74 MPa auf 0,64 MPa. Diese Spannungsdifferenz entspricht 13,5% der für die Verformung aufzubringenden Spannung. In den nachfolgenden Zyklen steigt sowohl die Spannung zur Verformung als auch die relaxierte Spannung an. In den letzten drei Zyklen findet eine Relaxation um ca. 18,7% der aufgebrachten Spannung statt.

Bei zyklischen thermomechanischen Versuchen, die bis 60°C durchgeführt werden, tritt somit eine Spannungsrelaxation auf (13,5%), die nur halb so groß ist, wie bei Versuchen bis 80°C (26%). Vergleicht man hiermit die erzielten Rückverformungen in den Versuchen, so fällt auf, dass sich dabei auch ein ähnliches Größenverhältnis zeigt. Während TFX bei 80°C vom ersten zum 50. Zyklus eine Änderung der Rückverformung von 55% auf 21% zeigt (Tabelle 5-1), tritt bei 80°C eine Rückverformungsänderung von 72% auf 41% auf (Tabelle 5-4). So zeigt sich bei Versuchen bis 80°C eine doppelt so große Spannungsrelaxation bei halber Rückverformung im Vergleich zu Versuchen bis 60°C.

Molekular findet bei der Spannungsrelaxation zunächst eine Verzerrung der intermolekularen Netzabstände statt, da für eine Reorientierung während der Deformation keine Zeit bleibt. Diese Netzverzerrungen haben eine relativ hohe Energie, was in einem hohen Modul resultiert. Nach einiger Zeit kann die Reorientierung und Verschiebung der Kettensegmente stattfinden. Die Kettenbewegung erfolgt, um die Spannung abzubauen. Dabei können stark verzerrte Bereiche der Ketten zu niedrigeren Energiekonformationen relaxieren, was den Modul verringert. Die Spannung wird entlang der Hauptkettenlängen ausbalanciert [112]. Durch die Umlagerungsprozesse entlang der Polymerketten kann es zum Abbau der für die Rückverformung notwendigen Triebkraft kommen, so dass im ersten Zyklus eine Rückverformung von 100% bereits nicht mehr erreicht werden kann. Zudem steigt mit zunehmender Temperatur $T > T_{trans}$ der Anteil an permanent aneinander abgeglittener Polymerketten. Dadurch verbleibt irreversible, plastische Verformung im Material und nach Entlastung verformt sich die Probe zu einem neuen Gleichgewichtszustand zurück ($R < 100\%$). Um einen Zusammenhang zwischen Spannungsrelaxation und Rückverformungsverhalten von TFX ziehen zu können, soll hier zunächst die Triebkraft für die Rückverformung – die Entropieelastizität – betrachtet werden.

Entropieelastizität: Wie bereits in Abschnitt 2.2 erläutert, beschreibt die Entropieelastizität die gute elastische Verformbarkeit von elastomeren Kunststoffen. Die reversible Verformung kann sowohl über direkte C-C-Bindungen als auch über das gesamte Molekülgerüst erfolgen. Im thermodynamischen Gleichgewicht liegen die Polymerketten verknäult bei hoher Entropie vor. Durch die Verformung werden die Polymerketten gestreckt bis das Molekülgerüst abschert und schließlich einzelne C-C-Bindungen gestreckt werden bis erste Ketten reißen. Durch die Ausrichtung der Polymerketten entsteht ein Zustand niedriger Entropie. Bei Entlastung kann so die Ausgangsform wiederhergestellt werden, da der Zustand der verknäulten Ketten angestrebt wird.

Eine Betrachtung der Entropieelastizität (Gl. 2-1) zeigt, dass rein mathematisch kein Zusammenhang zwischen Spannungsrelaxation und verminderter Triebkraft für die Entropieelastizität besteht. Im Falle der Spannungsrelaxation bleibt die Dehnung ε und Temperatur T konstant, während die Spannung σ abnimmt. Demnach müsste es während der Relaxation zu einer Verringerung im Term $3 \cdot N \cdot k$ kommen, der jedoch nur aus Konstanten besteht. Molekular betrachtet käme es bei einer Beziehung zwischen Spannungsrelaxation und Entropieelastizität während der Spannungsrelaxation zu einer Erhöhung der Entropie, die zuvor durch die Verformung verringert wurde. Jedoch verändert sich während der Spannungsrelaxation die makroskopische Anordnung der Polymerketten kaum. Allerdings kommt es zu einer Reorientierung und Verschiebung der Kettensegmente sowie zu einer Verlagerung starker Verzerrungsbereiche auf die gesamte Hauptkette, was einen neuen Gleichgewichtszustand erzeugen kann. Die Verlagerung der Spannung von einzelnen, stark verzerrten Bereichen auf die gesamte Polymerkette kann stark gestreckte C-C-Bindungen entspannen, so dass hierdurch die Entropie erhöht wird. Es ist somit möglich, dass es aufgrund des neuen Gleichgewichtszustandes, der mit einer neuen entropisch günstigsten Anordnung der Ketten verbunden ist, zu einer irreversiblen Verformung des Materials kommt, die im Rückverformungsprozess nicht mehr zurückgestellt werden kann. TFX ist zudem kein reines Elastomer, sondern ein Blockcopolymer aus elastischen und thermoplastischen Teilkomponenten. Aus diesem Grund kann angenommen werden, dass es während der Deformation zum einen zusätzlich zu irreversiblen, plastischen Verformungen der Weichsegmente kommt, die bei der Rückverformung nicht zurückgestellt werden können. Zum anderen können durch die Deformation die losen physikalischen Vernetzungen zwischen den Hartsegmenten zerstört werden. Allerdings treten keine Veränderungen in der chemischen Struktur von TFX auf, die mithilfe der FTIR-Spektroskopie untersucht wurde (Abschnitt 5.3).

Eine weitere Besonderheit des viskoelastischen und entropieelastischen Verhaltens von reinen Elastomeren ist die Erhöhung des E-Moduls mit steigender Temperatur (Gl. 2-1). Jedoch konnte diese Eigenschaft an TFX nicht gezeigt werden, da es sowohl bei Zug- (Abbildung 5-1) als auch bei zyklischen thermomechanischen Versuchen (Abbildung 6-7) zu einer Erweichung des Materials mit steigender Temperatur kam. Dies weist auf den thermoplastischen Materialanteil durch das Weichsegment hin. Thermoplaste zeigen bei Temperaturerhöhung eine Verringerung des E-Moduls [61].

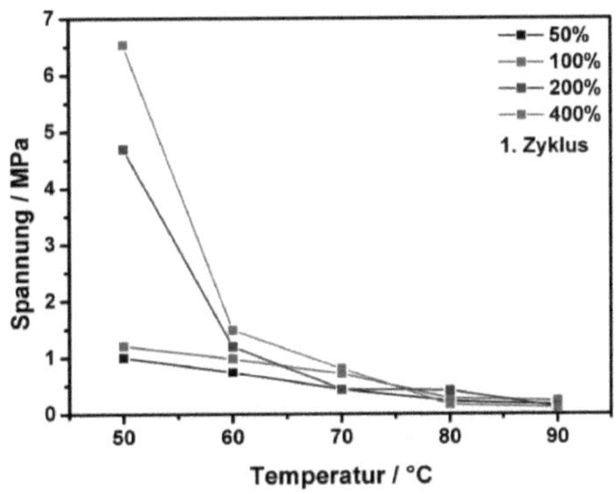

Abbildung 6-7: Darstellung der Spannungen zur Verformung von TFX im ersten Zyklus auf 50, 100, 200 und 400% als Funktion der Temperatur.

Verfestigungsmechanismus: Bei den zyklischen thermomechanischen Versuchen wird das FGP oberhalb der Umwandlungstemperatur T_{trans} verformt. Oberhalb T_{trans} zeigt das FGP die Eigenschaften eines Elastomers. Der Verformungsmechanismus von Elastomeren lässt sich in drei Bereiche gliedern. Abbildung 6-8 zeigt den schematischen Verlauf einer Spannungs-Dehnungs-Kurve eines Elastomers.

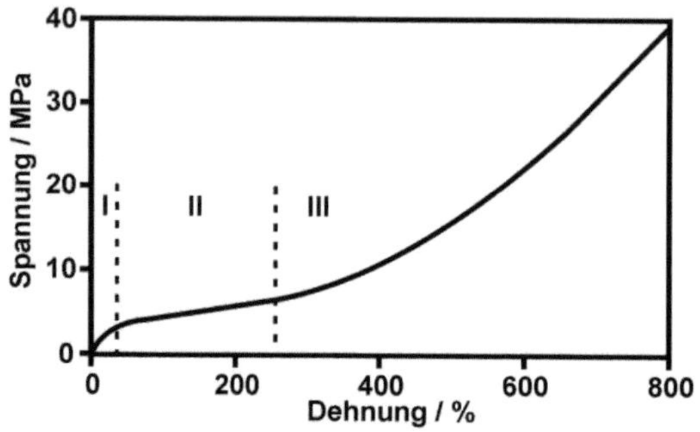

Abbildung 6-8: Verformungsmechanismus eines PUR-Elastomeres [61].

Im ersten Bereich zeigen Elastomere eine Anfangssteifigkeit. Jedoch setzen ab einer kritischen Dehnung Gleitprozesse ein, die den Anstieg der Spannung verringern (Bereich II). Während der Gleitprozesse werden die Kettensegmente zwischen den Vernetzungspunkten in Belastungsrichtung ausgerichtet. Im weiteren Verlauf kann es zu einer so genannten Dehnungskristallisation der Kettensegmente kommen (Bereich III), die eine Verfestigung des Materials und einen Anstieg der Spannung bewirkt. Die Dehnungskristallisation entsteht durch ausgerichtete, gespannte oder auch kristallisierte Segmente [61]. Die Ergebnisse der zyklischen thermomechanischen Versuche (Abbildung 5-11 bis Abbildung 5-15) zeigen im Bereich der Belastung auf ε_{max} bei T_{high} einen Spannungs-Dehnungs-Verlauf mit den Bereichen I und II. Dies zeigt, dass bei der Verformung von TFX im zyklischen thermomechanischen Versuch die kritische Dehnung erreicht wird und Gleitprozesse eintreten. Die Spannungs-Dehnungs-Diagramme der zyklischen thermomechanischen Versuche zeigen, dass bei Versuchen bis 80°C und 90°C mit steigender Zyklenzahl ein Anstieg der maximalen Spannung, die für die Verformung von TFX aufgewendet werden muss, stattfindet. Zudem ist in allen Versuchen zu erkennen, dass die Steigung der Kurve bei der Verformung mit der Zyklenzahl steiler wird. Hier findet eine zyklische Verfestigung des Materials statt [63]. Diese zyklische Verfestigung wird durch die Dehnungskristallisation bzw. die Orientierung der Ketten im ersten Zyklus hervorgerufen. Aus diesem Grund findet die größte Änderung der Eigenschaften im ersten Zyklus statt. Die Dehnungskristallisation konnte jedoch nicht mithilfe der Polarisationsmikroskopie nachgewiesen werden.

Formfixierung: Mithilfe der zyklischen thermomechanischen Versuche konnte gezeigt werden, dass TFX eine gute Formfixierung zeigt (Tabelle 5-6, Abbildung 5-18). In vielen Anwendungsbereichen von FGP wird eine Verformung bei hohen Temperaturen vorgegeben, die dann bei Temperaturen unterhalb der Umwandlungstemperatur T_{trans} fixiert und verwendet werden soll. Aus diesem Grund ist es für solche technischen Anwendungen wünschenswert, dass die Formfixierung annähernd 100% beträgt. Die Ergebnisse zeigen, dass die Formfixierung von TFX im untersuchten Dehnungs- und Temperaturbereich trotz thermomechanischer Zyklen sehr stabil ist. Das ist auf den großen E-Modul des Materials bei Temperaturen unterhalb der Schalttemperatur zurückzuführen. Auch in nachfolgenden Zyklen ändert sich dieses Verhalten nicht [63].

6.2 FGL / FGP – Verbunde

Die Ergebnisse der Pull-Out Tests zeigen, dass sich die Haftfestigkeit zwischen TFX und NiTi mithilfe unterschiedlicher Oberflächenbehandlungen verbessern lässt. Jedoch konnte in den Raumtemperaturversuchen bisher nicht die maximale Haftfestigkeit zwischen den Komponenten erzeugt werden, da der Verbund an der Grenzfläche NiTi/TFX versagt und die Kohäsion von TFX nicht übertroffen wird. An der Oberfläche der aus dem Polymer herausgezogenen NiTi-Proben konnten keine Polymerreste nachgewiesen werden. Aus diesem Grund soll der Adhäsionsmechanismus nochmal genauer betrachtet werden, um Verbesserungsschritte erarbeiten zu können.

Tabelle 5-8 zeigt, dass die besten Ergebnisse bei RT mit einer Oberflächennachbehandlung mit dem Silan Bis[3-(trimethoxysilyl)propyl]-ethylendiamin (BIS) in Kombination mit einer unbehandelten, geschliffenen und elektropolierten NiTi-Oberfläche erzielt werden. Während Verbunde mit elektropoliertem NiTi und BIS eine Haftfestigkeit von 9,7 MPa erreichten, liegt sie bei unbehandelten Proben und BIS bei 8,2 MPa und bei geschliffenen Proben mit BIS nur bei 7,79 MPa.

Das Silan BIS hat für die Anbindung an die NiTi-Oberfläche sechs hydrolysierbare funktionelle Alkoxygruppen in Form von Methoxy-Gruppen ($-CH_3$). Diese hydrolysieren mit Feuchtigkeit zu reaktiven Silanolen, welche dann mit den Hydroxyl-Gruppen der NiTi-Oberfläche reagieren. In der Regel kommt es zu einer kovalenten Anbindung des Silans an die NiTi-Oberfläche im Zuge einer Kondensationsreaktion. Die

Anbindung an TFX erfolgt über zwei reaktive organofunktionelle Aminogruppen (-NH_2) des Silans. Dieser Anbindungsmechanismus wird Endcapping genannt. Hierbei reagiert die Aminogruppe des Silans mit funktionellen Gruppen des TFX unter Bildung einer kovalenten Bindung. Im Bereich der Polyurethane sind folgende Kombinationen möglich: Aminosilane + NCO-terminierte Polyurethane, Isocyanatosilane + OH-Polymere und Epoxysilane + Polyether-Polymere [84]. BIS gehört zur Gruppe der Aminosilane und reagiert somit mit der NCO-Gruppe des 4,4'-Diisocyanatodicyclohexylmethans (H12MDI) der Hartsegmente. Abbildung 6-9 zeigt das FT-IR-Spektrum von BIS.

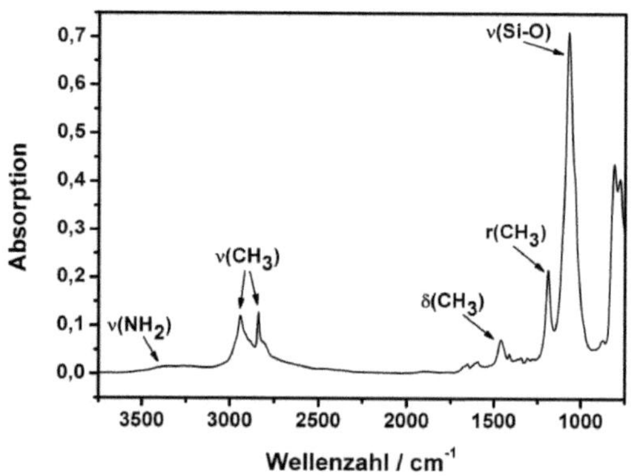

Abbildung 6-9: FT-IR-Spektrum des Silans Bis[3-(trimethoxysilyl)propyl]ethylendiamin (BIS).

Im Wellenzahlbereich von 2815 bis 2832 cm^{-1} sind Peaks der Streckschwingungen und bei 1430 cm^{-1} der Biegeschwingungen der Methoxy-Gruppe (-CH_3) zu erkennen. Zusätzlich tritt bei 1200 cm^{-1} noch eine Kippschwingung der Methoxy-Gruppe auf. Der Peak bei 1100 cm^{-1} deutet auf die SiO-Verbindung hin. Bei 3300 bis 3380 cm^{-1} ist ganz schwach die NH_2-Verbindung der Aminogruppen zu erkennen. Hingegen hatte das ebenfalls getestete Silan 3-Aminopropyltriethoxysilan (AMEO) für die Anbindung an die NiTi-Oberfläche drei hydrolysierbare funktionelle Alkoxygruppen in Form von Ethoxy-Gruppen (-OCH_2CH_3) und nur eine reaktive organofunktionelle Aminogruppen (-NH_2), die mit den NCO-Gruppen des TFX reagieren. AMEO gehört damit auch zu den Aminosilanen. Die reduzierte Anzahl an Alkoxy- und Aminogruppen führte auch zu schlechteren Ergebnissen der Haftfestigkeit. Abbildung 6-10 zeigt das FT-IR Spektrum von AMEO. Im Wellenzahlbereich um 2880 cm^{-1} liegen die Streckschwingungen der –CH_2 und –CH_3 Gruppen, die die Ethoxy-Gruppen des

Silans bilden. Bei 3390 bis 3500 cm^{-1} liegen die NH_2-Verbindungen der Aminogruppen und bei 1000 bis 1130 cm^{-1} die Si-O-Verbindungen.

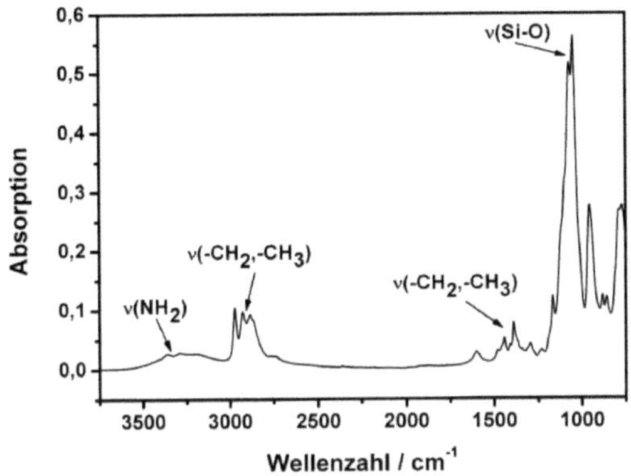

Abbildung 6-10: FT-IR-Spektrum des Silans 3-Aminopropyltriethoxysilan.

Für eine Verbesserung der Haftfestigkeit zwischen NiTi und TFX sollten noch weitere Silane getestet werden, die weitere funktionelle Gruppen aufweisen, die mit dem Polyetherurethan reagieren können. Dazu eignen sich neben den hier getesteten Aminogruppen des Weiteren noch Epoxy- und Isocyanatogruppen als organofunktionelle Gruppen zur Anbindung an das Polyetherurethan. Auf Seiten der Anbindung des Silans an die NiTi-Oberfläche wurden Ethoxy- und Methoxy-Gruppen getestet. Sowohl in dieser Arbeit, als auch bei vorangegangenen Arbeiten [82] zeigten sich bessere Verbundfestigkeiten bei Silanen mit Methoxy-Gruppen. Aus diesem Grund sollten weiterhin Silane mit Methoxy-Substituenten verwendet werden.

7 Zusammenfassung

Die vorliegende Arbeit befasst sich mit der werkstoffwissenschaftlichen Untersuchung der Herstellung von FG-Polymeren und ihrer funktionellen Ermüdung bei zyklischer Abfrage des Einwegeffektes. Untersucht wird hierzu das kommerziell erhältliche Polyetherurethan Tecoflex® (TFX) der Firma Lubrizol (Ohio, USA). Es wurden Untersuchungen zu den mechanischen Eigenschaften des FG-Polymers durchgeführt sowie zyklische thermomechanische Versuche zur Abfrage des Einwegeffektes. Zusätzlich wurden Verbunde aus TFX und NiTi-FGL mithilfe unterschiedlicher Oberflächenvor- und -nachbehandlungen hergestellt und auf ihre Verbundfestigkeit getestet.

Die mechanischen Eigenschaften von TFX wurden mithilfe von Zugversuchen, dynamischer Differenzkalorimetrie (DSC), dynamisch-mechanischer Analyse (DMA), Kriech- und Relaxationsversuchen untersucht. Anhand von Zugversuchen konnte gezeigt werden, dass das FGP unterhalb seiner Umwandlungstemperatur T_{trans} mechanische Eigenschaften handelsüblicher Thermoplaste mit einer maximalen Spannung von 26 MPa bei einer Bruchverformung von 425 % zeigt. Hingegen erweicht das Material oberhalb T_{trans} sehr stark, so dass bei maximalen Spannungen um 0,2 MPa Dehnungen von mehr als 2000% erzielt werden können. Die Festigkeit von TFX nimmt mit steigender Temperatur ab. Aus diesem Grund können Formgedächtnispolymere oberhalb T_{trans} nicht als Strukturwerkstoffe eingesetzt werden.

Mithilfe der DSC- und DMA-Versuche konnten die Glasübergangstemperaturen der unterschiedlichen Phasenanteile des Blockcopolymers bestimmt werden. Bei -40°C tritt die Glasübergangstemperatur des PTMG Weichsegmentes auf, unterhalb der TFX ein sprödes Materialverhalten zeigt. Die Glasübergangstemperatur der Mischphase aus Hart- und Weichsegmenten liegt bei 63°C. Diese Temperatur entspricht der Umwandlungstemperatur T_{trans} des Polymers. Bei 120°C tritt die Erweichungstemperatur der H_{12}MDI Hartsegmente auf, oberhalb der das Polymer völlig an Festigkeit verliert. Die Untersuchung der Heizraten- und Frequenzabhängigkeit der Peaktemperaturen bei den DMA-Versuchen zeigte, dass durch die Erhöhung der Heizrate eine Verschiebung der Umwandlungstemperaturen zu höheren Temperaturen erfolgt. Die Gleichgewichtsumwandlungstemperatur von TFX kann für eine Heizrate von 0 K/min auf 55°C extrapoliert werden. Die Änderung der Frequenz zeigte hingegen keinen Einfluss auf die Umwandlung.

Anhand von Kriech- und Relaxationsversuchen bei 60°C ($T > T_{trans}$) wurde das Verhalten von TFX unter konstanter Last und konstanter Verformung untersucht. Die Kriechversuche zeigten, dass sich TFX unter konstanter Belastung über einen Zeitraum von zwei Stunden um ca. 160% verformt. Hierbei ist die Verformungsgeschwindigkeit in den ersten zehn Minuten am höchsten. Zudem ist die Kriechgeschwindigkeit unabhängig von der Belastungshöhe des Materials. Die doppeltlogarithmische Darstellung der Kriechfunktion J(t) zeigt, dass der Kriechprozess bei einer Belastung von 0,75 MPa bereits nach einer Sekunde startet, während er bei Belastungen von 1 MPa, 1,25 MPa und 1,5 MPa nach 10 Sekunden einsetzt.

Die Relaxationsversuche zeigen, dass die Spannung innerhalb von zwei Stunden um 0,57 MPa bis 0,96 MPa abfällt, wobei für die Verformung auf 50%, 100%, 200% und 400% anfangs Spannungen von 0,75 MPa bis 1,75 MPa aufgebracht werden müssen. Der größte Anteil der Spannungsrelaxation erfolgt dabei in den ersten 15 Minuten. Die doppeltlogarithmische Darstellung des Relaxationsmodulus E(t) zeigt zudem, dass die Spannungsrelaxation nach Erreichen des Belastungspunktes erst nach ca. 30 Sekunden einsetzt.

Die funktionelle Ermüdung von TFX bei zyklischer Abfrage des Einwegeffektes wurde mithilfe zyklischer thermomechanischer Versuche bei Dehnungen von 50%, 100%, 200% und 400% und maximaler Temperaturen von 50, 60, 70, 80 und 90°C getestet. Der Einwegeffekt wurde in 50 aufeinander folgenden Zyklen abgefragt. Es zeigt sich, dass die Rückverformbarkeit von TFX mit steigender Zyklenzahl abnimmt. Dabei zeigen Versuche knapp oberhalb der Schalttemperatur des Materials die besten Ergebnisse bei geringen Dehnungen (50%). Mit steigender Versuchstemperatur verschlechtern sich die Eigenschaften. An die Messwerte der Rückverformung als Funktion der Zyklenzahl wurde eine Funktion der Form $R = A \cdot N^{-\beta}$ angepasst, mit der Rückverformung R, der positiven Konstanten A und β und der Zyklenzahl N. Durch eine doppellogarithmische Auftragung können die Gleichungen zur Form $\log R = \log A - \beta \cdot \log N$ linearisiert werden. Die Steigung β zeigt keine Abhängigkeit von der maximalen Dehnung und der Temperatur in den zyklischen thermomechanischen Versuchen und beträgt 0,21 ± 0,07. Die Rückverformbarkeit nimmt am stärksten in den ersten Zyklen ab, wonach ein Grenzwert angenähert wird. Die Dehnungsrückstellung, bei der die Rückverformung auf den vorangegangenen Zyklus bezogen wird, erreicht mit steigender Zyklenzahl einen Wert von 100%, was das Erreichen

eines Grenzwertes bei der Rückverformung verdeutlicht. Eine genaue Betrachtung der Messwerte zeigt, dass nach der Belastung von TFX im Abkühlprozess Spannungsrelaxation auftritt, bei der Umlagerungsprozesse entlang der Polymerkette zu einem Abbau der Spannung führen. Dies kann zum Verlust der notwendigen Triebkraft für die Rückverformung führen. Zudem steigt mit zunehmender Temperatur der Anteil an permanent aneinander abgeglittenen Polymerketten, wodurch eine irreversible, plastische Verformung im Material verbleibt. Zudem konnte gezeigt werden, dass die Schalttemperatur T_{sw}, oberhalb der sich das verformte und durch Abkühlung eingefrorene Polymer im Aufheizvorgang rückverformt, sowohl abhängig von der Temperatur als auch von der Zyklenzahl ist. Mit steigender Temperatur und steigender Zyklenzahl steigt auch die Schalttemperatur. Aufgrund der hohen Änderung des E-Moduls bei der Über- oder Unterschreitung der Umwandlungstemperatur T_{trans} zeigt TFX eine sehr gute Formfixierung S_f von ca. 99% in allen Versuchen. Dies bedeutet, dass die Deformation des Materials oberhalb T_{trans} durch Abkühlung unter Last mit 99%iger Genauigkeit eingefroren werden kann.
Die Mikrostruktur von TFX wurde mithilfe der Polarisations- und Rasterelektronenmikroskopie untersucht. Jedoch konnte nur gezeigt werden, dass es sich bei TFX um ein amorphes Polymer handelt. Durch die thermomechanische Zyklierung entstanden keine nachweisbaren mikrostrukturellen Änderungen. Auch eine Untersuchung der chemischen Zusammensetzung vor und nach der Zyklierung mithilfe der FTIR-Spektroskopie erbrachte keine Materialänderungen. Anhand des Absorbanzspektrums konnte nur hervorgehoben werden, dass Wasserstoffbindungen für die Struktur des Polymers eine entscheidende Rolle spielen und sich daraus der Aufbau aus Mikrodomänen der Hartsegmente in einer Weichsegment-Matrix bestimmt wird.

Abschließend wurden Verbunde aus NiTi und TFX unter Anwendung unterschiedlicher Oberflächenvor- und –nachbehandlungen hergestellt. Es wurden unbehandelte, geschliffene und elektropolierte NiTi-Bänder zum einen ohne weitere Behandlung in TFX eingebettet. Zudem wurden auf die vorbehandelten NiTi-Bänder zwei unterschiedliche Silan-Lösungen aufgebracht. Die Haftfestigkeit der Verbunde konnte durch die Silan-Behandlung gesteigert werden. Die beste Haftfestigkeit bei RT zeigte ein Verbund aus elektropoliertem NiTi-Band, das mit einer 1%igen Lösung des Silans Bis[3-(trimethoxysilyl)propyl]ethylendiamin behandelt wurde, mit 9,7 MPa im Vergleich zu dem Verbund ohne Silanbehandlung mit 7,4 MPa. Durch die genannte Behandlung konnte bisher nicht die bestmögliche Verbundfestigkeit erzeigt werden, da es zum Versagen an der Grenzfläche NiTi und TFX kommt und keine Polymerreste auf der NiTi-Oberfläche haften bleiben.

Die Pull-Out Test bei 80°C zeigten deutlich niedrigere Verbundfestigkeiten mit 0,71 MPa (0,19 MPa ohne Silan) für den besten Verbund aus geschliffenem und mit einer 1%igen Lösung des Silans 3-Aminopropyltriethoxysilan behandelten NiTi-Bandes und TFX. Die Haftfestigkeit für Anwendungen bei 80°C kann nicht weiter gesteigert werden, da es nicht zu einem Versagen an der NiTi/TFX-Grenzfläche kommt, sondern zu einer Verformung des am NiTi-Band haftenden Polymers.

Im Rahmen dieser Arbeit konnte gezeigt werden, dass sich der Einsatz von TFX als Strukturwerkstoff aufgrund der starken E-Moduländerung durch das Über- oder Unterschreiten von T_{trans} nicht eignet. Eine zyklische Abfrage des Einwegeffektes sollte mit niedrigen Dehnungen bei Temperaturen nahe, oberhalb der Schalttemperatur T_{sw} erfolgen, um eine maximale Rückverformbarkeit des Materials ausschöpfen zu können. Verformungen oberhalb T_{trans} können mit 99%iger Genauigkeit durch Abkühlen unter Last eingefroren werden, was vor allem für technische Anwendungen wünschenswert ist.

8 Anhang

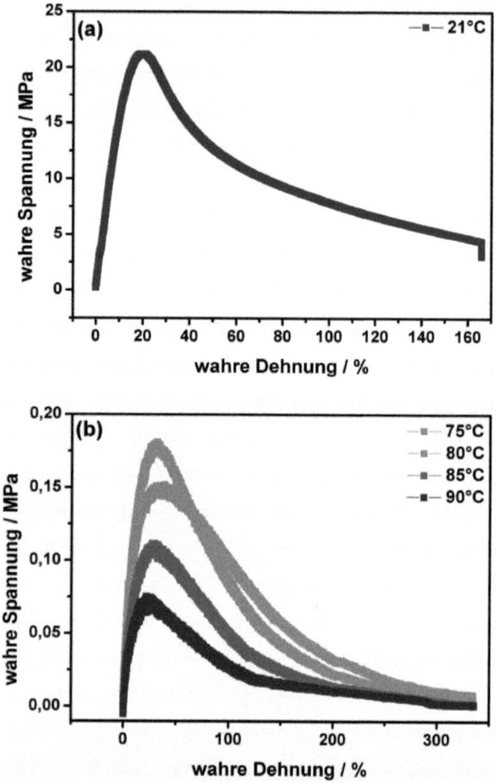

Abbildung 8-1: Ergebnisse der Zugversuche als Auftragung der wahren Spannung als Funktion der wahren Dehnung (a) bei Raumtemperatur T_{amb} = 21°C und (b) bei T_{high} = 75, 80, 85, 90°C.

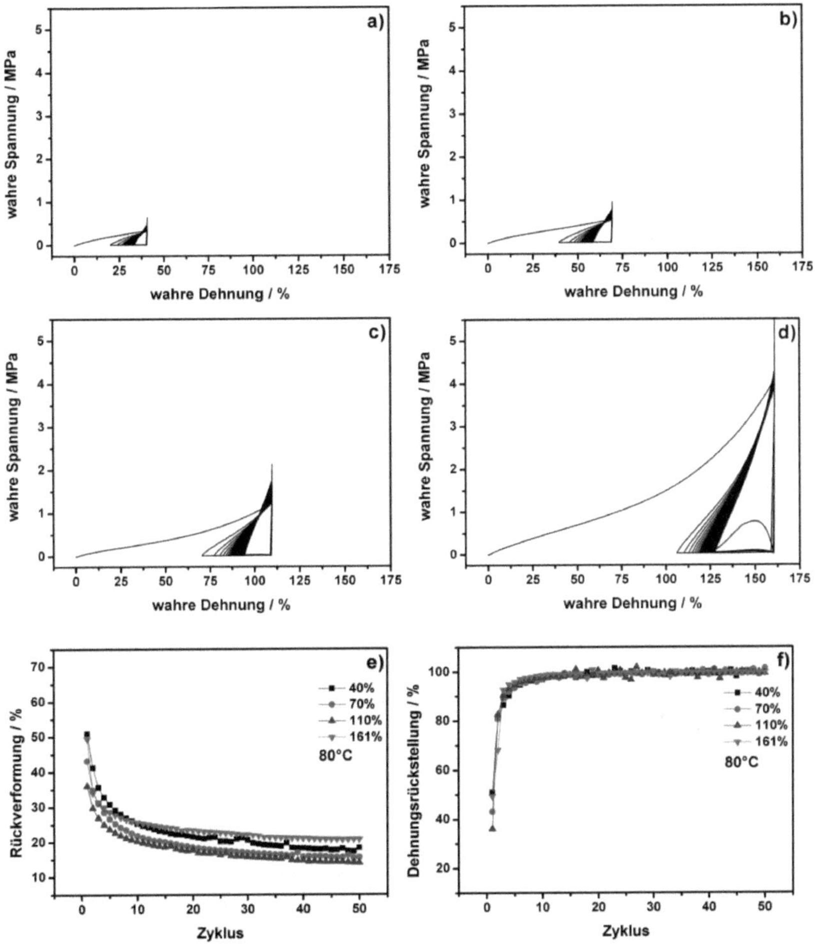

Abbildung 8-2: Ergebnisse der zyklischen thermomechanischen Versuche bei 80°C und 10 Minuten Rückverformungszeit mit (a) 40%, (b) 70%, (c) 110% und (d) 161% wahrer Dehnung, sowie der Vergleich der Rückverformung (e) und der Dehnungsrückstellung (f).

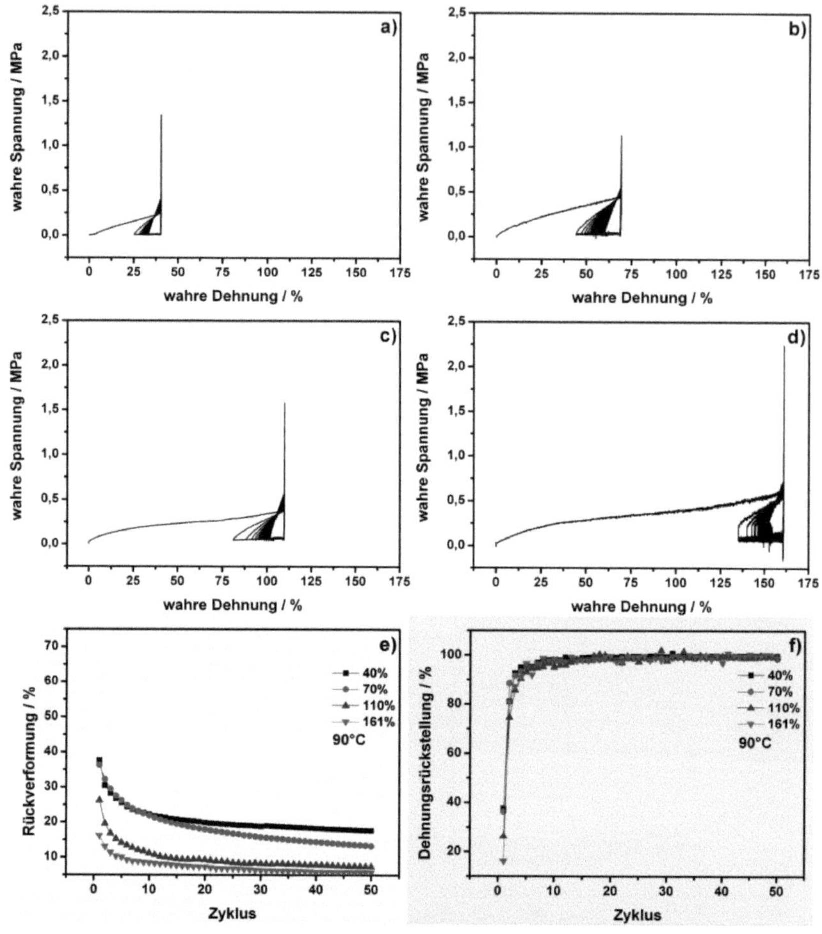

Abbildung 8-3: Ergebnisse der zyklischen thermomechanischen Versuche bei 90°C und 10 Minuten Rückverformungszeit mit (a) 40%, (b) 70%, (c) 110% und (d) 161% wahrer Dehnung, sowie der Vergleich der Rückverformung (e) und der Dehnungsrückstellung (f).

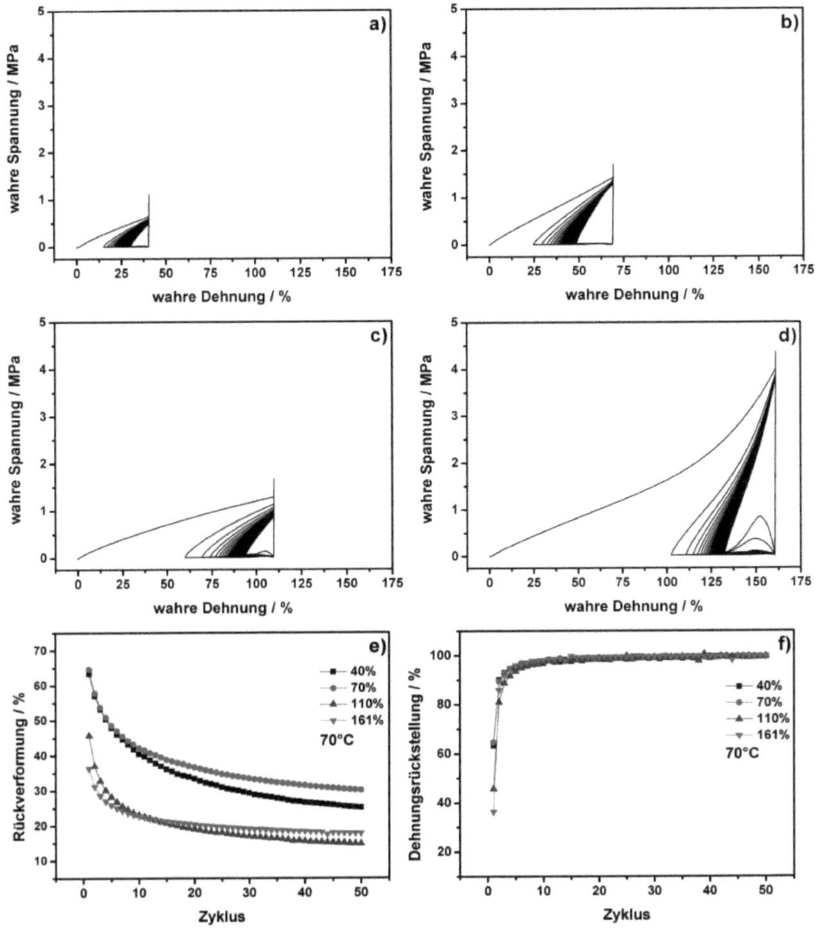

Abbildung 8-4: Ergebnisse der zyklischen thermomechanischen Versuche bei 70°C und 10 Minuten Rückverformungszeit mit (a) 40%, (b) 70%, (c) 110% und (d) 161% wahrer Dehnung, sowie der Vergleich der Rückverformung (e) und der Dehnungsrückstellung (f).

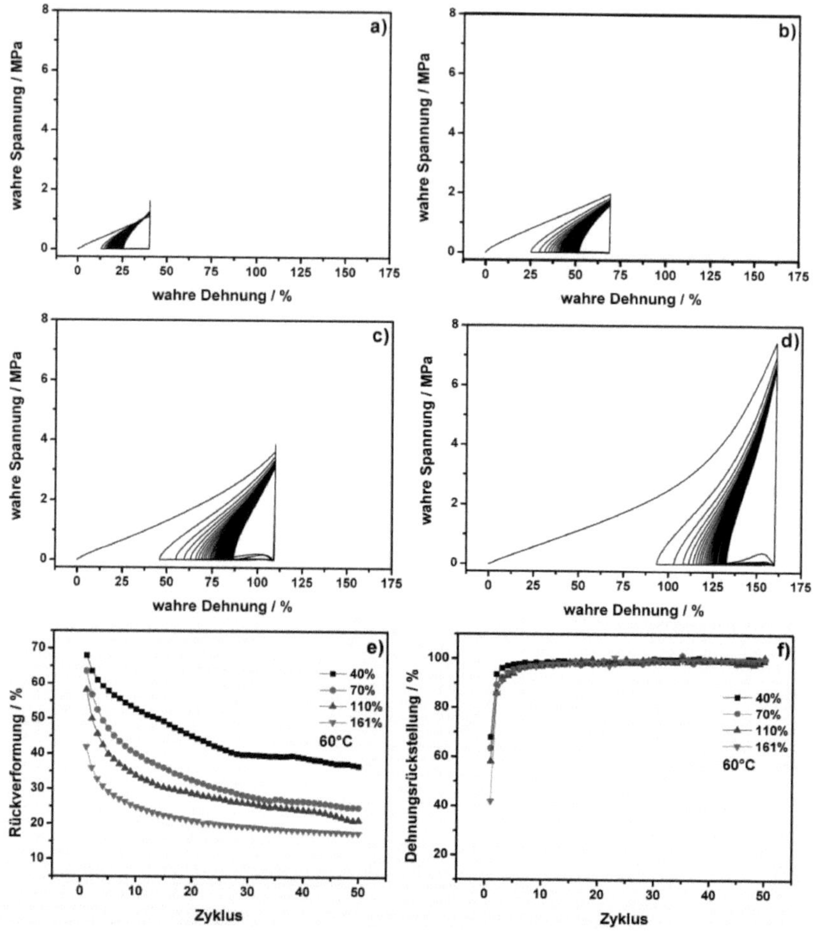

Abbildung 8-5: Ergebnisse der zyklischen thermomechanischen Versuche bei 60°C und 10 Minuten Rückverformungszeit mit (a) 40%, (b) 70%, (c) 110% und (d) 161% wahrer Dehnung, sowie der Vergleich der Rückverformung (e) und der Dehnungsrückstellung (f).

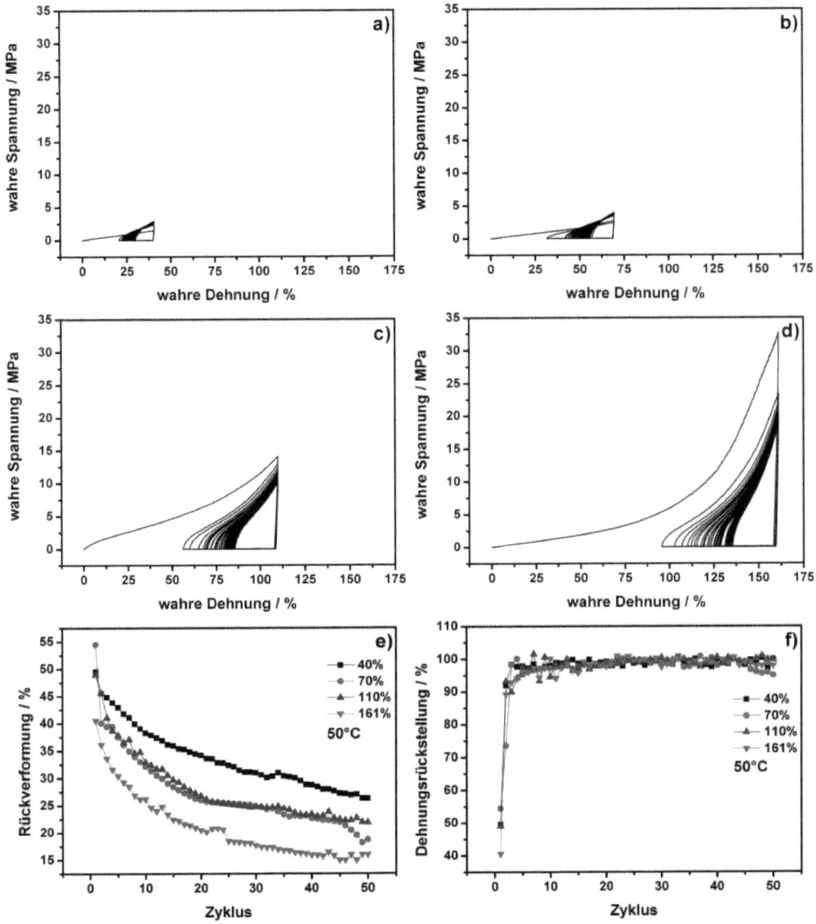

Abbildung 8-6: Ergebnisse der zyklischen thermomechanischen Versuche bei 50°C und 10 Minuten Rückverformungszeit mit (a) 40%, (b) 70%, (c) 110% und (d) 161% wahrer Dehnung, sowie der Vergleich der Rückverformung (e) und der Dehnungsrückstellung (f).

9 Literaturverzeichnis

[1] H. Tobushi, H. Hara, E. Yamada, S. Hayashi: *Thermomechanical properties in a thin film of shape memory polymer of polyurethane series*. Smart Materials and Structures, Vol. 5, No 4 (1996) 483-491.

[2] H.M. Jeong, S.Y. Lee, B.K. Kim: *Shape memory polyurethane containing amorphous reversible phase*. Journal of Materials Science, Vol. 35, No 7 (2000) 1579-1583.

[3] F. Li, Y. Chen, W. Zhu, X. Zhang, M. Xu: *Shape memory effect of polyethylene/nylon 6 graft copolymers*. Polymers, Vol. 39, No 26 (1998) 6929-6934.

[4] A. Lendlein, R. Langer: *Biodegradable, elastic shape-memory polymers for potential biomedical applications*. Science, Vol. 296 (2002) 1673-1676.

[5] C. Liu, H. Qin, P.T. Mather: *Review of progress in shape-memory polymers*. Journal of Materials Chemistry, Vol. 17, No 16 (2007) 1543-1558.

[6] M. Behl, A. Lendlein: *Actively moving polymers*. Soft Matter, Vol. 3, No 1 (2007) 58-67.

[7] S. Oprea, S. Vlad, G. Stoicescu, M. Casariu: *Polyurethane elastomeric bearing materials for passive isolation of railway*. Materiale Plastice, Vol. 44, No 3 (2007) 226-232.

[8] P. Ping, W.S. Wang, X.S. Chen, X.B. Jing: *Polyepsilon-caprolactone polyurethane and its shape-memory property*. Biomacromolecules, Vol. 6, No 2 (2005) 587-592.

[9] A. Lendlein, A.M. Schmidt, M. Schroeter, R. Langer: *Shape-memory polymer networks from oligoepsiloncaprolactonedimethacrylates*. Journal of Polymer Science Part A – Polymer Chemistry, Vol. 43, No 7 (2005) 1369-1381.

[10] B. Dietsch, T. Tong: *A review - Features and benefits of shape memory polymers (SMPs)*. Journal of Advanced Materials, Vol. 39, No 2 (2007) 3-12.

[11] X. Lan, Y.J. Liu, H.B. Lu, X.H. Wang, J.S. Leng: *Fiber reinforced shape-memory polymer composite and its application in a deployable hinge*. Smart Materials and Structures, Vol. 18, No 2 (2009) 024002.

[12] D.J. Maitland, M.F. Metzger, D. Schumann, A. Lee, T.S. Wilson: *Photothermal properties of shape memory polymer micro-actuators for treating stroke*. Lasers in Surgery and Medicine, Vol. 30, No 1 (2002) 1-11.

[13] J.E. Huber, N.A. Fleck, M.A. Ashby: *The selection of mechanical actuators based on performance indices*. Proceedings of the Royal Society A, Vol. 453, No 1965 (1997) 2185-2205.

[14] J.D. Merline, C.P.R. Nair, C. Gouri, R. Sadhana, K.N. Ninan: *Poly(urethane-oxazolidone): Synthesis, characterisation and shape memory properties*. European Polymer Journal, Vol. 43, No 8 (2007) 3629-3637.

[15] S. Mondal, J.L. Hu: *Shape memory study of thermoplastic segmented polyurethane: Influence of hard segment*. Polymer-Plastics Technology and Engineering, Vol. 46, No 10-12 (2007) 939-942.

[16] Q. Meng, J. Hu, Y. Zhu: *Shape-memory polyurethane/multiwalled carbon nanotube fibers*. Journal of Applied Polymer Science, Vol. 106, No 2 (2007), 837-848.

[17] T. Chung, A. Rorno-Uribe, P.T. Mather: *Two-way reversible shape memory in a semicrystalline network*. Macromolecules, Vol. 41, No 1 (2008) 184-192.

[18] N.S. Goo, I.H. Paik, K.J. Yoon: *The durability of conducting shape memory polyurethane actuator*. Smart Materials and Structures, Vol. 16, No 4 (2007) N23-N26.

[19] L.B. Vernon, H.M. Vernon: *Producing molded articles such as dentures from thermoplastic synthetic resins*. Patent of the USA, No 2234993 (1941).

[20] A. Ölander: *The crystal structure of AuCd*. Zeitschrift für Kristallographie, Vol. 84, No A (1932) 145-148.

[21] W.C. Rainer, E.M. Redding, J.J: Hitov, A.W. Sloan, W.D. Stewart: *Heat-shrinkable polyethylene*. Patent of the USA, No 3144398 (1964).

[22] R.J. Perrone: *Heat-shrinkable articles made from silicone rubber-polyethylene compositions*. Patent of the USA, No 3326869 (1967).

[23] P.E. Wray: *Elastic memory articles*. Patent of the USA, No GB1075704 (1967).

[24] S.J. Arditti, S.Z. Avedikian, B.S. Bernstein: *Articles with Polymeric Memory*. Patent of the USA, No 3563973 (1971).

[25] R. Hosemann, J. Loboda-Čačković, H. Čačković: *Affine Deformation von linearem Polyäthylen*. Zeitung für Naturforschung A, Vol. 27 (1972) 478.

[26] W.M. Sokolowski, A.B. Chmielewski, S. Hayashi, T. Yamada: *Cold hibernated elastic memory (CHEM) self-deployable structures*. Proceedings SPIE, Vol. 3669 (1999) 179-185.

[27] S.J. Tey, W.M.S.W.M. Huang: *Influence of long-term storage in cold hibernation on strain recovery and recovery stress of polyurethane shape memory polymer foam*. Smart Materials and Structures, Vol. 10, No 2 (2001) 321-325.

[28] S.E. Scarborough, D.P. Cadogan: *Applications of inflatable rigidizable structures*. ILC Dover (2006) 1-15.

[29] D. Campbell, M.S. Lake, M.R. Scherbarth, E. Nelson, R.W. Six: *Elastic memory composite material: An enabling technology for future furlable space structures*. 46th AIAA/ASME/ASCE/AHS/ASC Structures, Structural Dynamics, and Materials Conference (2005).

[30] P.R. Buckley, G.H. McKinley, T.S. Wilson, W. Small, W.J. Benett, J.P. Bearinger, M.W. McElfresh, D.J. Maitland: *Inductively heated shape memory polymer for the magnetic actuation of medical devices*. IEEE Transactions on Biomedical Engineering, Vol. 53, No 10 (2006) 2075-2083.

[31] H. Koerner, G. Price, N.A. Pearce, M. Alexander, R.A. Vaia: *Remotely actuated polymer nanocomposites - stress-recovery of carbon-nanotube-filled thermoplastic elastomers*. Nature Materials, Vol. 3, No 2 (2004) 115-120.

[32] S.V. Ahir, E.M. Terentjev: *Photomechanical actuation in polymer-nanotube composites*. Nature Materials, Vol. 4, No 6 (2005) 491-495.

[33] Y. Wang, Y. Hu, X. Gong, W. Jiang, P. Zhang, Z. Chen: *Preparation and properties of magnetorheological elastomers based on silicon rubber/polystyrene blend matrix*. Journal of Applied Polymer Science, Vol. 103, No 5 (2006) 3143-3149.

[34] T.J. Lu, A.G. Evans: *Design of a high authority flexural actuator using an electro-strictive polymer*. Sensors and Actuators A, Vol. 99, No 3 (2002) 290-296.

[35] K.D. Harris, C.W.M. Bastiaansen, D.J. Broer: *Physical properties of anisotropically swelling hydrogen-bonded liquid crystal polymer actuators*. Journal of Microelectromechanical Systems, Vol. 16, No 2 (2007) 480-488.

[36] H.G. Jeon, P.T. Mather, T.S. Haddad: *Shape memory and nanostructure in poly(norbornyl-POSS) copolymers*. Polymer International, Vol. 49, No 5 (2000) 453-457.

[37] I.A. Rousseau: *Development of soft polymeric networks showing actuation behavior: From hydrogels to liquid crystalline elastomers*. Dissertation, University of Connecticut (2004).

[38] M. Behl, A. Lendlein: *Shape-memory polymers*. Materials Today, Vol. 10, No 4 (2007) 20-28.

[39] K. Neuking, A. Abu-Zarifa, S. Youcheu-Kemtchou: *Polymer/NiTi-composites: Fundamental Aspects, Processing and Properties*. Advanced Engineering Materials, Vol. 7, No 11 (2005) 1041-1023.

[40] J. Hu: *Shape Memory Polymers and Textiles*. Woodhead Publishing Limited and CRG Press LLC (2007).

[41] A. Lendlein, S. Kelch: *Formgedächtnispolymere*. Angewandte Chemie, Vol. 114, No 12 (2002) 2138-2162.

[42] J. Leng, H. Lu, Y. Liu, W.M. Huang, S. Du: *Shape memory polymers - A Class of Novel Smart Materials*. MRS Bulletin, Vol. 34, No 11 (2009) 848-855.

[43] A.J. Coury, P.C. Slaikeu, P.T. Cahalan, K.B. Stokes, C.M. Hobot: *Factors and interactions affecting the performance of polyurethane elastomers in medical devices*. Journal of Biomaterials Applications, Vol. 3, No 2 (1988) 130-179.

[44] P. Miaudet, A. Derré, M. Maugey, C. Zakri, P.M. Piccione, R. Inoubli, P. Poulin: *Shape and temperature memory of nanocomposites with broadened glass transition*. Science, Vol. 318, No 5854 (2007) 1294-1296.

[45] I. Bellin, S. Kelch, A. Lendlein: *Dual-shape properties of triple-shape polymer networks with crystallizable network segments and grafted side chains*. Journal of Materials Chemistry, Vol. 17, No 28 (2007) 2885-2891.

[46] K. Otsuka: *Shape memory materials*. Cambridge University Press (1999).

[47] B.C. Chun, T.K. Cho, Y.C. Chung: *Blocking of soft segments with different chain lengths and its impact on the shape memory property of polyurethane copolymer*. Journal of Applied Polymer Science, Vol. 103, No 3 (2007) 1435-1441.

[48] I.A. Rousseau: *Challenges of shape memory polymers: A review of the progress toward overcoming SMP's limitations*. Polymer Engineering and Science, Vol. 48, No 11 (2008) 2075-2089.

[49] W. Yin, T. Fu, J. Liu, J. Leng: *Structural shape sensing for variable camber wing using FBG sensors*. Proceedings of SPIE, Vol. 7292 (2009) 72921H.

[50] Y. Yu, Y. Liu, J. Leng: *Design and aerodynamic characteristics of a span morphing wing*. Proceedings of SPIE, Vol. 7290 (2009) 72900U.

[51] K. Kobayashi, S. Hayashi: *Shape memory fibrous sheet and method of imparting shape memory property to fibrous sheet product*. Patent of the USA, No 5098776 (1992).

[52] K. Kobayashi, S. Hayashi: *Woven fabric made of shape memory polymer*. Patent of the USA, No 5128197 (1992).

[53] Y. Zhu, J. Hu, L.Y. Yeung, Y. Liu, F. Ji, K.W. Yeung: *Development of shape memory polyurethane fiber with complete shape recoverability*. Smart Materials and Structures, Vol. 15, No 5 (2006) 1385-1394.

[54] J. Hoer, U. Klinge, A. Schachtrupp, C. Tons, V. Schumpelick: *Influence of suture technique on laparotomy wound healing: an experimental study in the rat*. Langenbeck's Archives of Surgery, Vol. 386, No 3 (2001) 218-223.

[55] H. Tamai, K. Igaki, E. Kyo, K. Kasuga, A. Kawashima, S. Matsui: *Initial and 6-Month Results of Biodegradable Poly-l-Lactic Acid Coronary Stents in Humans*. Circulation, Vol. 102, No 4 (2000) 399-404.

[56] J.M. Hampikian, B.C. Heaton, F.C. Tong, Z. Zhang, C.P. Wong: *Mechanical and radiographic properties of a shape memory polymer composite for intracranial aneurysm coils*. Materials Science and Engineering C, Vol. 26, No 8 (2006) 1373-1379.

[57] M. Behl, A. Lendlein: *Triple-shape polymers*. Journal of Materials Chemistry, Vol. 20, No 17 (2010) 3335-3345.

[58] I. Bellin, S. Kelch, R. Langer, A. Lendlein: *Polymeric triple-shape materials*. Proceedings of the National Academy of Sciences, Vol. 103, No 48 (2006) 18043-18047.

[59] E. Hornbogen: *Werkstoffe. Aufbau und Eigenschaften von Keramik-, Metall-, Polymer- und Verbundwerkstoffen*. Springer Verlag, Berlin (2002).

[60] I. M. Ward, D. W. Hadley: *An introduction to the mechanical properties of solid polymers*. John Wiley & Sons, Chichester (1993).

[61] G. W. Ehrenstein: *Polymer Werkstoffe*. Hanser Verlag, München (1999).

[62] H. Tobushi, S. Hayashi, S. Kojima: *Mechanical properties of shape memory polymer of polyurethane series*. JSME international journal, Vol. 35, No 3 (1992) 296-302.

[63] B.K. Kim, S.Y. Lee, M. Xu: *Polyurethanes having shape memory effects*. Polymer, Vol. 37, No 26 (1996) 5781-5793.

[64] R. Mohr, K. Kratz, T. Weigel, M. Lucka-Gabor, M. Moneke, A. Lendlein: *Initiation of shape-memory effect by inductive heating of magnetic nanoparticles in thermoplastic polymers*. Proceedings of the National Academy of Sciences of the United States of America, Vol. 103, No 10 (2006) 3540-3545.

[65] J.D. Merline, C.P.R. Nair, C. Gouri, G.G. Bandyopadhyay, K.N. Ninan: *Polyether polyurethanes: Synthesis, characterization, and thermoresponsive shape memory properties*. Journal of Applied Polymer Science, Vol. 107, No 6 (2008) 4082-4092.

[66] Y. Bar-Cohen, B. Atli, F. Gandhi, G. Karst: *Thermomechanical characterization of shape memory polymers*. Proceedings SPIE, Vol. 6524 (2007).

[67] J. Xu, W. Shi, W. Pang: *Synthesis and shape memory effects of Si-O-Si cross-linked hybrid polyurethanes*. Polymer, Vol. 47, No 1 (2006) 457-465.

[68] T. Ohki, Q.Q. Ni, N. Ohsako, M. Iwamoto: *Mechanical and shape memory behavior of composites with shape memory polymer*. Composites Part A, Vol. 35, No 9 (2004) 1065-1073.

[69] J.R. Lin, L.W. Chen: *Study on shape-memory behavior of polyether-based polyurethanes. I. Influence of the hard-segment content*. Journal of Applied Polymer Science, Vol. 69, No 8 (1998) 1563-1574.

[70] C.M. Wayman, J. Harrison: *The origins of the shape memory effect*. The Journal of the Minerals, Metals & Materials Society, Vol. 41, No 9 (1989) 26-28.

[71] S. Kim: *Shape memory alloys – Its present and future*. The First Pacific Rim Conference on Advanced Materials and Processing (1992) 59-66.

[72] N.B. Morgan: *Medical shape memory alloy applications – the market and its products*. Materials Science and Engineering A, Vol. 378, No 1-2 (2004) 16-23.

[73] K. Otsuka, Y. Ren: *Recent developments in the research of shape memory alloys*. Intermetallics, Vol. 7, No 5 (1999) 511-528.

[74] L.M. Schetky: *The industrial applications of shape memory alloys in North America*. Materials Science Forum, Vol. 327-328 (2000) 9-16.

[75] J. Frenzel: *Werkstoffkundliche Untersuchungen zur schmelzmetallurgischen Herstellung von Ni-reichen NiTi-Formgedächtnislegierungen*. Dissertation, Ruhr-Universität, Bochum (2005).

[76] C. Liang, J. Jia, C.A. Rogers: *Behavior of shape memory alloy hybrid composite plates, Part II*. Proceedings of Structures, Structural Dynamics and Materials Conference (1989) 1504-1513.

[77] C.A. Rogers: *Active vibration and structural acoustic control of shape memory alloy hybrid composites: Experimental results*. Journal of the Acoustical Society of America, Vol. 88, No 6 (1990) 2803-2811.

[78] J.S.N. Paine, C.A. Rogers: *Characterization of interfacial shear strength between SMA actuators and host composite material in adaptive composite material systems*. ASME Adaptive Structures and Material Systems, Vol. 35 (1994) 63-70.

[79] K. Jonnalagadda, G. Kline, N. Sottos: *Local displacements and load transfer in shape memory alloy composites*. Experimental Mechanics, Vol. 37, No 1 (1997) 78-86.

[80] N.A. Smith, G.G. Antoun, A.B. Ellis, W.C. Crone: *Improved adhesion between nickel-titanium shape memory alloy and a polymer matrix via silane coupling agents*. Composites Part B, Vol. 35, No 11 (2004) 1307-1312.

[81] A. Abu-Zarifa: *Herstellung und ingenieurwissenschaftliche Charakterisierung haftfester Verbunde aus superelastischer NiTi-Formgedächtnislegierung und Polyamid 6*. Dissertation, Ruhr-Universität, Bochum (2007).

[82] S. Youcheu-Kemtchou: *Optimierung der Grenzflächenhaftung bei NiTi/Polymer-Verbunden durch Einsatz funktioneller Zwischenschichten*. Dissertation, Ruhr-Universität, Bochum (2008).

[83] Gelest: *Silane coupling agents: Connecting across boundaries*. Informationsbroschüre, Morrisville (2006).

[84] Wacker Chemie AG: *Silicones – Einen Schritt voraus – Organofunktionelle Silane von Wacker*. Informationsbroschüre, Burghausen.

[85] S. Reddy, E. Arzt, A. del Campo: *Bioinspired surfaces with switchable adhesion*. Advanced Materials, Vol. 19, No 22 (2007) 3833-3837.

[86] I.Y.P.S.D. Khmelevskaya, I.B. Trubitsyna, M.N. Belousov, S.V. Dobatkin, E.V. Tatyanin, A.V. Korotitskiy, V. Brailovski, V.V. Stolyarov, E.A. Prokofiev: *Structure and properties of Ti-Ni-based alloys after equal-channel angular pressing and high-pressure torsion*. Materials Science and Engineering A, Vol. 481-482 (2008) 119-122.

[87] J. Burow: *Herstellung, Eigenschaften und Mikrostruktur von ultrafeinkörnigen NiTi-Formgedächtnislegierungen*. Dissertation, Ruhr-Universität, Bochum (2010).

[88] M. Beckert, H. Klemm: *Handbuch der metallographischen Ätzverfahren*. VEB Deutscher Verlag für Grundstoffindustrie, Leipzig (1984).

[89] TPU TechCenter: *Spritzgießen – Anspritztechnik*. Bayer MaterialScience, http://tpe-u.com/tpu/emea/de/verarbeitung/spritzgiessverfahren/werkzeuge_spritzgiessen/anspritztechnik/Anspritztechnik.html (20.10.2010).

[90] A. Frick, C. Stern: *DSC-Prüfung in der Anwendung*. Hanser Verlag, Hamburg (2006).

[91] W. F. Hemminger, H. K. Cammenga: *Methoden der Thermischen Analyse*. Springer Verlag, Berlin (1989).

[92] G. W. Ehrenstein, G. Riedel, P. Trawiel: *Praxis der Thermischen Analyse von Kunststoffen*. Hanser Verlag, Hamburg (2003).

[93] E. Mäder, E. Pisanova: *Interfacial design in fiber reinforced polymers*. Macromolecular Symposia, Vol. 163, No 1 (2001) 189-212.

[94] S.Y. Fu, B. Lauke, E. Mäder, C.Y. Yue, X. Hu, Y.W. Mai: *Hybrid effects on tensile properties of hybrid short-glass-fiber-and short-carbon-fiber-reinforced polypropylene composites*. Journal of Materials Science, Vol. 36, No 5 (2001) 1243-1251.

[95] L.S. Penn, F.A. Bystry, H.J. Marchionni: *Relation of interfacial adhesion in Kevlar®/epoxy systems to surface characterization and composite performance*. Polymer Composites, Vol. 4, No 1 (1983) 26-31.

[96] L. Greszczuk: *Theoretical studies of the mechanics of the fiber-matrix interface in composites*. ASTM International: Interfaces and Composites (1969) 42-58.

[97] H. Günzler, H.U. Gremlich: *IR-Spektroskopie. Eine Einführung*. WILEY-VCH, Weinheim (2003).

[98] Bruker Optics: *Grundlagen der FT-IR-Spektroskopie*. Bruker Optik Fortbildungskurse (2009).

[99] C. Schmidt, K. Neuking, G. Eggeler: *Functional Fatigue of Shape-Memory Polymers*. Materials research Society Symposium Proceedings, Vol. 1190 (2009) 43-48.

[100] R.E. Solís-Correa, R. Vargas-Coronado, M. Aguilar-Vega, J.V. Cauchi-Rodríguez, J.S. Román, A. Marcos: *Synthesis of HMDI-based segmented polyurethanes and their use in the manufacture of elastomeric composites for cardiovascular applications*. Journal of Biomaterials Science, Polymer Edition, Vol. 18, No 5 (2007) 561-578.

[101] N.M.K. Lamba, K.A. Woodhouse, S.L. Cooper: *Polyurethanes in biomedical applications*. CRC Press (1998).

[102] DIN EN ISO 6721-1: *Bestimmung dynamisch-mechanischer Eigenschaften. Teil 1: Allgemeine Grundlagen* (2003).

[103] D.J. Martin, G.F. Meijs, G.M. Renwick, P.A. Gunatillake, S.J. Mccarthy: *Effect of soft-segment CH2/O ratio on morphology and properties of a series of polyurethane elastomers*. Journal of Applied Polymer Science, Vol. 60, No 4 (1996) 557-571.

[104] A. Marcos-Fernandez, E. Lozano, L. Gonzalez, A. Rodriguez: *Hydrogen bonding in copoly(ether-urea)s and its relationship with the physical properties*. Macromolecules, Vol. 30, No 12 (1997) 3584-3592.

[105] M.M. Coleman, K.H. Lee, D.J. Skrovanek, P.C. Painter: *Hydrogen bonding in polymers. 4. Infrared temperature studies of a simple polyurethane*. Macromolecules, Vol. 19, No 8 (1986) 2149-2157.

[106] L.S. Teo, C.Y. Chen, J.F. Kuo: *Fourier transform infrared spectroscopy study on effects of temperature on hydrogen bonding in amine-containing polyurethanes and poly(urethane-urea)s*. Macromolecules, Vol. 30, No 6 (1997) 1793-1799.

[107] H.S. Lee, Y.K. Wang, S.L. Hsu: *Spectroscopic analysis of phase separation behavior of model polyurethanes*. Macromolecules, Vol. 20, No 9 (1987) 2089-2095.

[108] H.S. Lee, Y.K. Wang, W.J. MacKnight, S.L. Hsu: *Spectroscopic analysis of phase-separation kinetics in model polyurethanes*. Macromolecules, Vol. 21, No 1 (1988) 270-273.

[109] C. Guignot, N. Betz, B. Legendre, A. Le Moel, N. Yagoubi: *Degradation of segmented poly(etherurethane) Tecoflex® induced by electron beam irradiation: Characterization and evaluation*. Nuclear Instruments and Methods in Physics Research Section B, Vol. 185, No 1-4 (2001) 100-107.

[110] J.D. Menczel, R.B. Prime: *Thermal analysis of polymers – Fundamentals and Applications*. John Wiley & Sons, New Jersey (2009).

[111] F. R. Schwarzl: *Polymermechanik*. Springer-Verlag, Berlin (1990).

[112] M. T. Shaw, W. J. MacKnight: *Introduction to Polymer Viscoelasticity*. John Wiley & Sons, New Jersey (2005).

Lebenslauf

Persönliche Daten:

Vor- und Zuname:	Christina Schmidt
Geburtsdatum / -ort:	08.08.1982 in Wuppertal
Staatsangehörigkeit:	deutsch
Familienstand:	ledig

Berufserfahrung:

seit 01-2011	ThyssenKrupp VDM GmbH, Altena
06-2007 bis 12-2010	Wissenschaftliche Mitarbeiterin am Lehrstuhl Werkstoffwissenschaft, Ruhr-Universität Bochum

Hochschulstudium:

10-2002 bis 05-2007	Maschinenbau, Ruhr-Universität Bochum

Schulbildung:

08-1989 bis 06-1993	Grundschule, Wuppertal
08-1993 bis 06-2002	Märkisches Gymnasium, Schwelm

Studienbegleitende Tätigkeit:

11-2005 bis 05-2007	Studentische Hilfskraft am Lehrstuhl Werkstoffwissenschaft